# Die Grundlehren der mathematischen Wissenschaften

in Einzeldarstellungen
mit besonderer Berücksichtigung
der Anwendungsgebiete

Band 143

*Herausgegeben von*

J. L. Doob · E. Heinz · F. Hirzebruch · E. Hopf · H. Hopf
W. Maak · S. Mac Lane · W. Magnus · D. Mumford
M. M. Postnikov · F. K. Schmidt · D. S. Scott · K. Stein

*Geschäftsführende Herausgeber*

B. Eckmann und B. L. van der Waerden

Issai Schur

# Vorlesungen über Invariantentheorie

Bearbeitet und herausgegeben von

Helmut Grunsky

Springer-Verlag Berlin Heidelberg New York 1968

Prof. Dr. Issai Schur
weiland an der Universität Berlin

Prof. Dr. Helmut Grunsky
Mathematisches Institut der Universität Würzburg


Geschäftsführende Herausgeber:

Prof. Dr. B. Eckmann
Eidgenössische Technische Hochschule Zürich

Prof. Dr. B. L. van der Waerden
Mathematisches Institut der Universität Zürich


ISBN-13: 978-3-642-95033-9   e-ISBN-13: 978-3-642-95032-2
DOI:   10.1007/978-3-642-95032-2

# Vorwort

Wer seinerzeit das Glück hatte, die Vorlesungen von Issai Schur zu hören, dem sind sie als etwas vom Schönsten und Wertvollsten seiner wissenschaftlichen Ausbildung in Erinnerung; das kommt immer wieder in Gesprächen zwischen seinen ehemaligen Hörern zum Ausdruck. Ein solches Gespräch war der Anstoß zu der vorliegenden Veröffentlichung. Schur selbst hat sicher nie daran gedacht, diese Vorlesung, so wie er sie gehalten hat, zu publizieren, doch wird wohl niemand ein Zeichen mangelnden Respektes gegenüber Schurs Absichten darin erblicken, wenn es nun seitens eines ehemaligen Hörers geschieht. Wie schon der Titel besagt, handelt es sich hier natürlich nicht um ein Lehrbuch der Invariantentheorie; ein solches müßte eine weit größere, wenn auch keineswegs enzyklopädische Vollständigkeit anstreben. Die Absicht des vorliegenden Buches ist vielmehr genau dieselbe wie die einer Vorlesung: Es möchte einen einigermaßen bequemen Zugang zu seinem Gegenstand eröffnen, diesen von verschiedenen, keineswegs von allen Seiten beleuchten und das Interesse des Lesers reizen, sich an Hand anderer Werke weiter zu vertiefen. Dafür wollen die Literaturhinweise eine kleine Hilfe sein; sie sollen außerdem Verbindungen zur heutigen Algebra herstellen.

Als die hier wiedergegebene Vorlesung gehalten wurde, war die große Zeit der Invariantentheorie schon vorüber und sie gilt heute vielfach als ein toter Zweig der mathematischen Wissenschaften*. Zwei wesentliche Gründe dafür werden angeführt: 1. ihre wichtigsten Probleme seien gelöst, 2. sie sei eine Kalkülwissenschaft, während die heutige Mathematik die begriffliche Allgemeinheit in den Vordergrund des Interesses stelle. Die erste Behauptung ist, wie jede derartige Aussage in der Mathematik, nur sehr bedingt richtig, denn es gibt nicht „die Probleme" einer mathematischen Disziplin. Doch liegt hier ein Grund dafür, daß die Invariantentheorie nicht mehr in größerem Umfang Gegenstand der Forschung ist; aber sollen deswegen auch ihre Resultate vergessen werden? Auch das zweite Argument hält einer genauen Prüfung nicht stand. Bei dem Gegensatzpaar „Kalkül" und „begrifflich allgemeine Betrachtung" handelt es sich weitgehend nur um einen sehr

---

* Vgl. zum Folgenden: Literaturhinweise [1], C. S. Fisher.

relativen Unterschied im Grade der Allgemeinheit, um verschiedene Abstraktionsstufen; manche sind schon dem Kalkül unterworfen, manche noch nicht. Außerdem hat gerade die Invariantentheorie durch die von HILBERT inaugurierte Betrachtungsweise einen gewaltigen Anstoß zu kalkülfreien, allgemeinbegrifflichen Untersuchungen gegeben. Doch könnten diese beiden Überlegungen vielleicht hauptsächlich ein historisches Interesse rechtfertigen und es ist nicht die Absicht dieses Buches, vorwiegend dem Historiker zu dienen. Aber gerade der Kalkülcharakter eines Wissenszweiges erscheint heute in ganz anderem Licht als vor drei bis vier Jahrzehnten. Es ist mir in lebhafter Erinnerung, wie SCHUR in seinen Vorlesungen (nicht nur in der über Invariantentheorie) manchmal darauf hinwies, dieses oder jenes Problem lasse sich in endlicher Zeit entscheiden, dabei aber eine Abschätzung für diese Zeit gab, die sich nach Jahrzehnten oder Jahrtausenden bemaß. Durch die elektronischen Rechenmaschinen ist das anders geworden und gewisse prinzipielle Anwendungsmöglichkeiten der Invariantentheorie, die sich abzeichnen, sind sofort auch praktische. So erscheint es mir richtig, auch einer jüngeren Generation von Mathematikern den Zugang zu weit zurückliegenden und halb vergessenen Ergebnissen zu erleichtern.

Der vorliegenden Publikation liegt in erster Linie eine Ausarbeitung der Vorlesung des Sommersemesters 1928 zugrunde. (SCHUR hat die Vorlesung mit diesem Titel mehrmals mit geringfügigen Abweichungen gehalten.) Sie wurde von mir größtenteils während des Semesters, in einem kleinen Rest in der ersten Zeit der anschließenden Ferien niedergeschrieben. Dabei benutzte ich stenographische Aufzeichnungen, die ich leider nicht mehr besitze; sie waren zwar nicht wortwörtlich, aber doch sehr ausführlich und insoweit im wesentlichen wortgetreu. Daher war meine Ausarbeitung sicherlich nicht nur inhaltlich, sondern weitgehend auch in den Formulierungen eine getreue Wiedergabe der SCHURschen Ausführungen, wenn ich das auch heute im einzelnen nicht mehr nachprüfen oder belegen kann. Eine gewisse Bestätigung waren mir die unmittelbar niedergeschriebenen Notizen eines anderen Hörers derselben Vorlesung, die mir zur Verfügung standen. Für die Drucklegung schien mir eine Überarbeitung ratsam, die nicht bei der Beseitigung gelegentlicher Irrtümer und Ungeschicklichkeiten meiner Ausarbeitung stehen blieb. Das gesprochene und das gedruckte Wort haben je ihre eigenen Gesetze und die wortgetreueste Wiedergabe von Gesprochenem ist ebensowenig unter allen Umständen die beste, wie eine wortwörtliche Übersetzung. Doch betraf die Bearbeitung niemals den Inhalt und die Methode und hielt sich auch in den Formulierungen, etwa in der Darstellung der Beweise oder der Problemstellungen, möglichst genau an die Unterlage. Der stärkste Eingriff besteht darin, daß ich alle wesentlichen Ergebnisse und die meisten Begriffserklärungen

in formalen Sätzen und Definitionen zusammengefaßt habe; in der
Schurschen Vorlesung war das weitgehend, aber nicht vollständig
geschehen. Um dabei schwerfällige Wiederholungen zu vermeiden, habe
ich gelegentlich spezielle Überlegungen und Ergebnisse, deren voraus-
gehende gesonderte Ausführung in der Vorlesung aus didaktischen
Gründen zweckmäßig oder notwendig erschien, in die den allgemeinen
Fall betreffenden eingegliedert; doch war ich dabei sorgfältig darauf
bedacht, dem Leser nur insoweit mehr zuzumuten, als durch die Möglichkeit des ruhigen Verweilens bei einer Schwierigkeit, die dem Hörer ja
nicht gegeben ist, zulässig erscheint.

Ein die Terminologie betreffender Entschluß bedarf noch der Recht-
fertigung. Die Invarianten und Kovarianten von Formen bei der allgemeinen linearen Gruppe nenne ich durchgehend „projektiv". Das ist
nicht so allgemein üblich, als daß es selbstverständlich wäre. Schur
hat diese Bezeichnung gebraucht, und zwar nicht nur gelegentlich,
sondern in Abschnitt III ziemlich konsequent; allerdings anscheinend
nicht in Abschnitt II. Bei der Formulierung der Sätze war mir eine
kurze Bezeichnung erwünscht und bei Schur fand ich keine andere.
Der Kenner weiß ohne weiteres was gemeint ist und der Lernende
lernt nichts Falsches.

Im Sommer 1963 wandte ich mich an Frau R. Schur, Tel Aviv,
Israel, mit der Bitte, meinem Plan der Veröffentlichung der Vorlesung
ihres verstorbenen Gatten zuzustimmen. Mit aufrichtigem Dank darf
ich hier vermerken, daß ich diese Zustimmung erhielt, vorbehaltlich
einer Prüfung des Textes durch Herrn Prof. R. Brauer, Harvard
University, Cambridge, Mass. USA. Frau Schur ist leider im Februar
1965 verstorben. Ihre Zustimmung wurde von dem Sohn und der
Tochter, Herrn Zvi Schur, Hadar-Ramataim, Israel, und Frau Dr.
H. Abelin, Bern, in der entgegenkommendsten Weise erneuert, wofür
ich ihnen auch an dieser Stelle danken möchte. Herr R. Brauer hatte
inzwischen das Manuskript durchgesehen und gebilligt. Dafür, wie für
wertvolle Ratschläge, die seiner Sachkunde und seinen besonders engen
persönlichen Beziehungen zu I. Schur entsprangen, sei ihm aufrichtig
gedankt.

Gerne erinnere ich mich an die Hilfe für das Verständnis der Vorlesung, die ich als Student in einem der berühmten Arbeitszirkel der
Mapha (Mathematisch-physikalische Arbeitsgemeinschaft an der Universität Berlin) durch Herrn Dr. A. Brauer, jetzt Prof. an der Universität von North-Carolina, empfing. — Die Herren Proff. M. M. Schif-
fer und Ch. Löwner, Stanford-Universität, Cal. USA, haben das Zu-
standekommen des Planes unterstützt und das erste Manuskript durch-
gelesen. — Herr Prof. R. Breusch, Amherst College, Mass. USA, stellte
mir freundlicherweise die oben erwähnten Vorlesungsaufzeichnungen

zur Verfügung, die mir halfen, gelegentliche Lücken zu schließen, sowie meine eigene Niederschrift zu kontrollieren. — Bei der Herstellung des Manuskriptes war mir die äußerst gewissenhafte Mitarbeit von Herrn Assistent E. BAUMGARTNER eine wesentliche Hilfe, die sich nicht auf das Äußerliche beschränkte, sondern eine kritische Prüfung aus der Sicht der Leser bedeutete, für die die Veröffentlichung in erster Linie gedacht ist und die zu vielen Verbesserungsvorschlägen in den Formulierungen führte. Auch wurde die Arbeit der Korrekturen im wesentlichen von ihm geleistet. — Das Manuskript wurde von meiner Sekretärin, Frau U. BIEDERMANN, mit Sorgfalt und Pflichteifer und mit wachsender innerer Anteilnahme am Gelingen des Ganzen geschrieben. — Von besonderem Wert war mir die genaue kritische Durchsicht durch Herrn Privatdozent Dr. A. BERGMANN, Universität Würzburg. Die räumliche Nähe ermöglichte ein sorgfältiges Durchsprechen vieler Fragen. Herr BERGMANN hat auch mit größerer Sachkunde, als mir das möglich gewesen wäre, die Literaturhinweise im Text und am Ende des Buches zusammengestellt. — Allen diesen freundlichen Helfern sei hier aufrichtig gedankt. — Endlich gilt mein Dank dem Springer-Verlag, der das Buch in bekannter Großzügigkeit in seine Obhut genommen hat.

Über allem aber steht der Dank an den großen Mathematiker und unvergeßlichen Lehrer ISSAI SCHUR.

Würzburg, im Mai 1967.

H. GRUNSKY

# Inhaltsverzeichnis

# I. Gruppen linearer Substitutionen und ihre Invarianten

## § 1. Gruppen linearer Substitutionen

Es liege ein System $x$ von $n$ reellen oder komplexen Veränderlichen vor:

$$x = (x_1, x_2, \ldots, x_n).$$

Wir setzen voraus, daß sie unabhängig seien. Man spricht von einer **linearen Substitution** dieser Veränderlichen, wenn man jede derselben durch einen linearen homogenen Ausdruck des gleichen Systems ersetzt, also $x_\nu$ durch

$$(1) \qquad x'_\nu = \sum_{\varkappa=1}^{n} \alpha_{\nu\varkappa} x_\varkappa, \qquad \nu = 1, \ldots, n.$$

Für die Koeffizienten $\alpha_{\nu\varkappa}$ seien reelle oder komplexe Zahlen zugelassen, je nachdem, ob die Veränderlichen reell oder komplex sind. Ihre Matrix heiße $s$:

$$(2) \qquad s = (\alpha_{\nu\varkappa}), \qquad \nu, \varkappa = 1, \ldots, n.$$

Wir sprechen auch von der Substitution $s$. Wir schreiben für (1) kurz:

$$(1\,\mathrm{a}) \qquad x' = s(x)$$

oder auch

$$(1\,\mathrm{b}) \qquad x' = x^s,$$

$$(1\,\mathrm{c}) \qquad x'_\nu = x^s_\nu.$$

Zu verschiedenen Matrizen

$$s = (\alpha_{\nu\varkappa}), \qquad t = (\beta_{\nu\varkappa})$$

gehören verschiedene Substitutionen; denn wenn $x^s_\nu = x^t_\nu$ als Identität für $\nu = 1, \ldots, n$ gilt, so folgt:

$$\sum_{\varkappa=1}^{n} (\alpha_{\nu\varkappa} - \beta_{\nu\varkappa}) x_\varkappa = 0 \quad \text{für} \quad \nu = 1, \ldots, n,$$

und daraus wegen der *linearen* Unabhängigkeit der $x_\nu$:

$$\alpha_{\nu\varkappa} = \beta_{\nu\varkappa} \quad \text{für} \quad \nu, \varkappa = 1, \ldots, n.$$

Wir setzen ein für alle Male voraus:

$$(3) \qquad \det s = |s| \neq 0.$$

Zu den betrachteten Substitutionen gehören insbesondere die Permutationen

$$(4) \qquad x_\nu' = x_{\varkappa_\nu}, \quad \nu = 1, \ldots, n,$$

wo $\varkappa_1, \ldots, \varkappa_n$ eine Permutation der Zahlen $1, \ldots, n$ bedeutet. Die Matrix einer Permutation enthält in jeder Zeile und in jeder Spalte genau eine 1 und sonst nur Nullen und hat daher die Determinante $\pm 1$.

Die identische Substitution und ihre Matrix (Einheitsmatrix) bezeichnen wir mit $e$:

$$(5) \qquad e = (\delta_{\nu\varkappa}), \quad \text{wo} \quad \delta_{\nu\varkappa} = \begin{cases} 1 & \text{für } \nu = \varkappa, \\ 0 & \text{für } \nu \neq \varkappa. \end{cases}$$

Werden zwei Substitutionen nacheinander ausgeführt, so ergibt sich wieder eine lineare Substitution, deren Matrix gleich dem Produkt der beiden ursprünglichen Matrizen $s$ und $t$ ist:

$$(6) \qquad s\big(t(x)\big) = s\,t(x).$$

In der Bezeichnungsweise (1 b) ist zu schreiben:

$$(6a) \qquad (x^t)^s = x^{st}.$$

Für die Determinanten gilt:

$$(7) \qquad |s\,t| = |s|\,|t|.$$

Aus (3) folgt die Existenz einer Inversen $s^{-1}$ von $s$:

$$(8) \qquad s\,s^{-1} = s^{-1}\,s = e.$$

Es ist

$$(8a) \qquad s^{-1} = \left(\frac{A_{\nu\varkappa}}{|s|}\right), \quad \nu, \varkappa = 1, \ldots, n,$$

wo $A_{\nu\varkappa}$ das algebraische Komplement von $\alpha_{\varkappa\nu}$ in der Determinante von $s = (\alpha_{\nu\varkappa})$ ist*.

Mit $s^\mathsf{T}$ bezeichnen wir die Transponierte der Matrix $s$ oder die ihr zugeordnete Substitution:

$$(9) \qquad x' = s^\mathsf{T}(x) \quad \text{mit} \quad x_\nu' = \sum_{\varkappa=1}^{n} \alpha_{\varkappa\nu}\, x_\varkappa.$$

---

* In der Bezeichnung $(\alpha_{\nu\varkappa})$ einer Matrix soll stets der erste Index die Zeile, der zweite die Spalte kennzeichnen.

Es gelten die folgenden, leicht zu bestätigenden Regeln:

$$(10) \qquad (s\,t)^{-1} = t^{-1}\,s^{-1};$$

$$(11) \qquad (s\,t)^{\mathsf{T}} = t^{\mathsf{T}}\,s^{\mathsf{T}};$$

$$(12) \qquad (s\,t)^{\mathsf{T}^{-1}} = s^{\mathsf{T}^{-1}}\,t^{\mathsf{T}^{-1}}.$$

Zu jeder Matrix $(\alpha_{\nu\varkappa})$ gehört eine Bilinearform

$$(13) \qquad \sum_{\nu,\,\varkappa=1}^{n} \alpha_{\nu\varkappa}\,x_\nu\,y_\varkappa$$

in zwei Veränderlichenreihen, speziell zur Einheitsmatrix:

$$(13\,\mathrm{a}) \qquad \sum_{\varkappa=1}^{n} x_\varkappa\,y_\varkappa.$$

Ersetzen wir hier die Reihe der $y$ durch $y^s$, so ist:

$$(13\,\mathrm{b}) \qquad \sum_{\varkappa=1}^{n} x_\varkappa\,y_\varkappa^s = \sum_{\varkappa,\,\lambda=1}^{n} x_\varkappa\,\alpha_{\varkappa\lambda}\,y_\lambda = \sum_{\lambda=1}^{n} x_\lambda^{s\,\mathsf{T}}\,y_\lambda,$$

d. h., man erhält die zur Matrix $s$ gehörige Bilinearform aus der zur Einheitsmatrix gehörigen, indem man entweder die zweite Veränderlichenreihe durch $y^s$ oder die erste durch $x^{s\mathsf{T}}$ ersetzt. Man bezeichnet die beiden Substitutionen $x' = s(x)$ und $x = s^{\mathsf{T}}(x')$, also $x' = s^{\mathsf{T}^{-1}}(x)$, zueinander **kontragredient**.

Schreibt man in (13 b) $x'$ statt $x$ und setzt $y' = y^s$, $x = x'^{s\mathsf{T}}$, so erhält man:

$$(13\,\mathrm{c}) \qquad \sum_{\varkappa=1}^{n} x_\varkappa'\,y_\varkappa' = \sum_{\varkappa=1}^{n} x_\varkappa\,y_\varkappa.$$

Das heißt: Die zur Einheitsmatrix gehörige Bilinearform bleibt unverändert, wenn die beiden Veränderlichenreihen kontragredienten Substitutionen unterworfen werden.

**Definition:** *Unter einer* **Gruppe** $\mathfrak{G}$ *von linearen Substitutionen verstehen wir ein endliches oder unendliches System solcher Substitutionen, das folgende zwei Bedingungen erfüllt: 1) Gehören $s$ und $t$ zu $\mathfrak{G}$, so auch $s\,t$. 2) Mit $s$ gehört auch $s^{-1}$ zu $\mathfrak{G}$. — Die zu $\mathfrak{G}$ gehörigen Substitutionen heißen die* **Elemente** *der Gruppe. Die Anzahl der verschiedenen Substitutionen einer Gruppe heißt ihre* **Ordnung**; *sie kann endlich oder unendlich sein.*

Aus 1) und 2) folgt, daß auch die identische Substitution $e = s\,s^{-1}$ zu $\mathfrak{G}$ gehört.

Die nachstehenden **Beispiele** solcher Gruppen sind für die weiteren Untersuchungen wichtig:

1) Die Gesamtheit aller linearen Substitutionen in $n$ Veränderlichen mit nicht verschwindender Determinante bildet die **allgemeine lineare Gruppe** $\mathfrak{L}_n$.

2) Die Gesamtheit aller linearen Substitutionen der Determinante $1$ bildet die **unimodulare Gruppe** $\mathfrak{U}_n$.

3) Die Gesamtheit der Permutationen von $n$ Veränderlichen $x'_\nu = x_{\varkappa_\nu}$ mit $\varkappa_\nu \neq \varkappa_\mu$ für $\nu \neq \mu$ bildet die **symmetrische Gruppe** $\mathfrak{S}_n$. Ihre Ordnung ist $n!$.

4) Die Substitutionen $x'_\nu = \pm x_{\varkappa_\nu}$ mit beliebigen Vorzeichenkombinationen bilden eine Gruppe der Ordnung $2^n n!$.

5) Es sei $F(x_1, x_2, \ldots, x_n) = F(x)$ eine fest gegebene ganze rationale Funktion, deren Koeffizienten reelle oder komplexe Zahlen sind. Die Substitutionen $s$, für die die Identität

$$(14) \qquad\qquad F(x^s) = F(x)$$

gilt, besitzen ersichtlich die Gruppeneigenschaft 1). Wir werden zeigen: Sind die partiellen Ableitungen $\dfrac{\partial F}{\partial x_\nu}$, $\nu = 1, \ldots, n$, voneinander linear unabhängig, so ist $|s| \neq 0$ für jede Substitution $s$, für die (14) gilt. Es existiert also $s^{-1}$, und wenn man in der Identität (14) $x$ durch $x^{s^{-1}}$ ersetzt, so sieht man, daß mit $s$ auch $s^{-1}$ zu den Substitutionen gehört, für die (14) gilt, daß also deren Gesamtheit auch die Gruppeneigenschaft 2) besitzt und sonach eine Gruppe bildet.

Um den angekündigten *Beweis* zu führen, schreiben wir (14) ausführlich:

$$F(x_1, x_2, \ldots, x_n) = F(x'_1, x'_2, \ldots, x'_n) = F\left( \sum_\varkappa \alpha_{1\varkappa} x_\varkappa, \ldots, \sum_\varkappa \alpha_{n\varkappa} x_\varkappa \right).$$

Wir differenzieren diese Identität in den $x_\nu$ nach diesen Veränderlichen:

$$\frac{\partial F}{\partial x_\nu} = \sum_\lambda \frac{\partial F(x'_1, x'_2, \ldots, x'_n)}{\partial x'_\lambda} \alpha_{\lambda\nu} \quad (\nu = 1, \ldots, n).$$

Wäre $|\alpha_{\lambda\nu}| = 0$, so wären die auf der rechten Seite stehenden Funktionen der $x_\varkappa$ und damit auch die $\dfrac{\partial F}{\partial x_\nu}$ linear abhängig, gegen die Voraussetzung.

Als Gegenbeispiel sei die Funktion $F(x, y) = (x + y)^k$, $k$ beliebige natürliche Zahl, erwähnt, für die $F'_x - F'_y = 0$ ist und die bei der Substitution $x' = \tfrac{1}{2}(x + y)$, $y' = \tfrac{1}{2}(x + y)$ mit der Determinante $0$ ungeändert bleibt.

6) Wird die Funktion $F$ aus 5) speziell als

$$F(x) = \sum_{\nu=1}^{n} x_\nu^2$$

gewählt, so ist die Bedingung der linearen Unabhängigkeit der partiellen Ableitungen erfüllt. $F$ ist die rechte Seite von (13c), wenn dort die Veränderlichenreihe $y$ mit $x$ identifiziert wird. Aus (13c) ergibt sich als notwendige und hinreichende Bedingung für $F(x^s) = F(x) : s = s^{\mathsf{T}-1}$ oder

$$s\, s^{\mathsf{T}} = e \quad \text{oder} \quad \sum_{\varkappa} \alpha_{\mu\varkappa}\alpha_{\nu\varkappa} = \delta_{\mu\nu},$$

d. h., die Zeilen von $s$ sind paarweise orthogonal ($\mu \neq \nu$) und normiert ($\mu = \nu$). Da dann auch $s^{\mathsf{T}} s = e$, so gilt die gleiche Aussage für die Spalten. Man nennt solche Substitutionen orthogonale Substitutionen. Aus $s\, s^{\mathsf{T}} = e$ folgt $|s|\,|s^{\mathsf{T}}| = |s|^2 = 1$, also $|s| = \pm 1$.

Diese Gruppe heißt die **allgemeine orthogonale Gruppe**. Diejenigen der betrachteten Substitutionen mit $|s| = +1$ bilden eine Untergruppe, die **allgemeine Drehungsgruppe** $\mathfrak{D}_n$.

7) Wir erhalten eine Verallgemeinerung von 5), wenn wir Substitutionen $s$ betrachten, die $F(x)$ bis auf einen (von $s$ abhängigen) konstanten Faktor $c_s \neq 0$ ungeändert lassen:

$$(15) \qquad F(x^s) = c_s\, F(x) \quad \text{mit} \quad c_s \neq 0.$$

Setzt man wieder die lineare Unabhängigkeit der partiellen Ableitungen von $F$ voraus, so bilden diese Substitutionen eine Gruppe $\mathfrak{G}$. Die Gesamtheit der Faktoren $c_s$, die zu den Substitutionen dieser Gruppe $\mathfrak{G}$ gehören, bildet das zu $\mathfrak{G}$ gehörige **Faktorensystem**. Selbstverständlich ist $c_e = 1$. Führt man in (15) die Substitution $x' = t(x)$ aus, so folgt:

$$(16) \qquad c_{st} = c_s\, c_t$$

und mit $t = s^{-1}$:

$$(16a) \qquad c_{s^{-1}} = c_s^{-1}.$$

In diesen Beispielen, ausgenommen 3) und 4), kann man entweder die Gruppe aller jeweils gekennzeichneten Substitutionen mit *komplexen Koeffizienten* oder die Untergruppe derer mit *reellen Koeffizienten* betrachten.

## § 2. Der Begriff der Invariante

**Definition:** *Unter einer* **Invariante** $I = I(x) = I(x_1, \ldots, x_n)$ *einer Gruppe* $\mathfrak{G}$ *von linearen Substitutionen der* $n$ *Veränderlichen* $x_1, x_2, \ldots, x_n$ *verstehen wir eine nicht identisch verschwindende ganze rationale Funktion dieser Veränderlichen mit beliebigen reellen oder komplexen Koeffizienten, die bei Anwendung jeder Substitution $s$ der Gruppe* $\mathfrak{G}$, *abgesehen von einem (von $s$ abhängigen) konstanten Faktor, ungeändert bleibt, für die also bei beliebigem $s \in \mathfrak{G}$ die Identität gilt:*

$$I(x^s) = c_s\, I(x).$$

*Die $c_s$ heißen das zu der Invariante gehörige* **Faktorensystem.**

Für diese $c_s$ gilt (16), (16a).

Ist $I(x)$ eine Invariante, so ist, wenn $c$ eine beliebige Konstante $\neq 0$ bedeutet, auch $c\,I(x)$ eine solche. Wir betrachten zwei Invarianten, die sich nur durch einen konstanten Faktor unterscheiden, nicht als wesentlich verschieden.

$c_s$ kann nie 0 sein, denn das würde bedeuten: $I(x^s) = 0$. Dann wären also die $n$ Linearformen $x_1' = x_1'(x),\ \ldots,\ x_n' = x_n'(x)$ abhängig, und damit wäre ihre Funktionaldeterminante, d. i. $|s|$, gleich 0, entgegen der Voraussetzung.

Sind die $c_s$ für eine bestimmte Invariante sämtlich 1, so spricht man von einer **absoluten Invariante**, andernfalls von einer **relativen**.

Das **Hauptproblem der Invariantentheorie** ist nun: *Gegeben sei eine gewisse Gruppe linearer Substitutionen; es sind sämtliche zugehörigen Invarianten aufzustellen.* Für jede neue Gruppe liegt also ein neues Problem vor.

Fassen wir erst die symmetrische Gruppe $\mathfrak{S}_n$ ins Auge. Ihre absoluten Invarianten sind nach Definition die symmetrischen Funktionen. Diese lassen sich bekanntlich durch die $n$ symmetrischen Grundfunktionen $\sigma_1,\ \ldots,\ \sigma_n$ ausdrücken.

Wir fragen jetzt nach relativen Invarianten. Eine solche ist, falls $n \geqq 2$, das Differenzenprodukt:

$$(17) \qquad \Delta = \prod_{\varkappa < \lambda} (x_\varkappa - x_\lambda) = \Delta(x).$$

Denn $\Delta$ ändert bei jeder Permutation der $x_\nu$ höchstens das Zeichen.

Wir beweisen nun:

**Satz 1.1.** *Sämtliche Invarianten der symmetrischen Gruppe $\mathfrak{S}_n\,(n \geqq 2)$ lassen sich als ganze rationale Funktionen von $n + 1$ unter ihnen ausdrücken, nämlich der elementarsymmetrischen Funktionen und des Differenzenproduktes.*

*Beweis:* Ein Faktorensystem der symmetrischen Gruppe kann nur die Zahlen $\pm 1$ enthalten. Denn jede Permutation läßt sich darstellen als Produkt von Transpositionen (Vertauschung von genau zwei Indices); ist $t$ eine solche, so ist $t\,t = e$, folglich wegen (16): $c_t^2 = c_e = 1$, also $c_t = \pm 1$. Wegen (16) folgt dann für jede Permutation $s$: $c_s = \pm 1$.

Ferner sind für die Transpositionen $t$ die $c_t$ entweder alle gleich $+1$ oder alle gleich $-1$. Denn es ist: $(2, \nu)\,(1, 2)\,(2, \nu) = (1, \nu)$ (wobei $(\mu, \nu)$ die Vertauschung der beiden verschiedenen Indices $\mu$ und $\nu$ bedeutet), und somit: $c_{(1,\nu)} = c_{(1,2)}$. Ferner ist: $(1, \mu)\,(1, \nu)\,(1, \mu) = (\mu, \nu)$, also: $c_{(\mu,\nu)} = c_{(1,\nu)} = c_{(1,2)}$.

Eine Invariante $I$ der symmetrischen Gruppe ist daher entweder eine absolute Invariante oder sie wechselt bei j e d e r Transposition ihr Vorzeichen. Im zweiten Fall ist also z. B.:

$$I(x_1, x_2, \ldots, x_n) = -I(x_2, x_1, \ldots, x_n).$$

Setzen wir speziell $x_1 = x_2$, so müssen beide Seiten dieser Gleichung 0 sein. Also ist $I$ durch $x_1 - x_2$, und ebenso durch $x_\varkappa - x_\lambda$ und damit durch $\varDelta(x)$ teilbar. $\dfrac{I}{\varDelta}$ ist dann eine absolute Invariante, denn Zähler und Nenner wechseln bei jeder Transposition ihr Vorzeichen. Damit ist der Satz bewiesen.

Wir gehen jetzt zur allgemeinen linearen Gruppe $\mathfrak{L}_n$ über und beweisen zunächst den

**Satz 1.2. (Hauptsatz über die allgemeine lineare Gruppe):** *Jedes Faktorensystem dieser Gruppe hat die Form*

$$c_s = |s|^p,$$

*wo $p$ eine von $s$ unabhängige, nichtnegative ganze Zahl ist.*

*Beweis:* $c_s$ ist eine ganze rationale Funktion der Koeffizienten von $s$:

$$c_s = f(\alpha_{\nu\varkappa})$$

und (vgl. (8a)):

$$c_{s^{-1}} = f\left(\frac{A_{\nu\varkappa}}{|s|}\right);$$

nach (16) ist also

$$f(\alpha_{\nu\varkappa})\, f\left(\frac{A_{\nu\varkappa}}{|s|}\right) = 1.$$

Ist $m$ der Grad von $f$, so folgt durch Multiplikation mit $|s|^m$:

$$f(\alpha_{\nu\varkappa})\, g(\alpha_{\nu\varkappa}) = |s|^m,$$

wo $g(\alpha_{\nu\varkappa})$ ebenfalls eine ganze rationale Funktion ist. Diese Gleichung gilt für alle Wertsysteme $\alpha_{\nu\varkappa}$ mit $|s| \neq 0$. Nach einem allgemeinen Satz folgt daraus, daß sie eine Identität ist*. Da aber die Determinante eine irreduzible Funktion ihrer Elemente ist, so folgt, zunächst bis auf einen von den $\alpha_{\nu\varkappa}$ unabhängigen Faktor $a$:

$$f(\alpha_{\nu\varkappa}) = a\,|s|^p.$$

Anwendung auf $s = e$ zeigt: $a = 1$.

Auf Grund dieses Hauptsatzes beweisen wir nun:

**Satz 1.3.** *Abgesehen von Konstanten gibt es bei $n \geqq 2$ keine Invarianten der allgemeinen linearen Gruppe $\mathfrak{L}_n$***.

---

* Der hier benutzte Satz besagt: *Wenn ein Polynom $\varphi(u_1, \ldots, u_N)$ in beliebig vielen Veränderlichen mit reellen oder komplexen Koeffizienten nicht identisch verschwindet, d. h. sich nicht darstellen läßt als Linearverbindung von Potenzprodukten in den Veränderlichen mit lauter verschwindenden Koeffizienten, so kann man aus jeder unendlichen Zahlenmenge Wertesysteme $a_1, \ldots, a_N$ herausgreifen, so daß $\varphi(a_1, \ldots, a_N) \neq 0$.*

** Der Hauptsatz und sein Beweis haben allgemeinere Gültigkeit (vgl. § 3 u. § 4); er wird daher durch die eben formulierte Behauptung nicht gegenstandslos.

*Beweis*: Angenommen $I(x)$ sei eine Invariante von $\mathfrak{L}_n$. Wir setzen die spezielle Substitution $s = (\omega_\nu\, \delta_{\nu\varkappa})$ an (vgl. (5)). Ihre Determinante ist $|s| = \omega_1\, \omega_2 \cdots \omega_n$. Nach dem Hauptsatz gilt:

$$I(x^s) = I(\omega_1\, x_1, \omega_2\, x_2, \ldots, \omega_n\, x_n) = (\omega_1\, \omega_2 \cdots \omega_n)^p\, I(x_1, x_2, \ldots, x_n).$$

Das ist eine Identität in den $x$ und in den $\omega$. Wir setzen sämtliche $x = 1$; dann folgt:

$$I(\omega_1, \omega_2, \ldots, \omega_n) = (\omega_1\, \omega_2 \cdots \omega_n)^p\, I(1, 1, \ldots, 1).$$

Daraus folgt, daß, wenn es überhaupt Invarianten von $\mathfrak{L}_n$ gibt, diese von der Form sind: $I = (x_1\, x_2 \cdots x_n)^p$. Daß das für $n \geq 2$ keine Invariante ist, sieht man sofort, wenn man die Substitution $x_1' = x_1 + x_2$, $x_2' = x_2,\, \ldots, x_n' = x_n$ ausführt.

Wir fügen noch einige **allgemeine Bemerkungen** an:

1) $I(x)$ sei eine Invariante irgendeiner Gruppe. Wir fassen die homogenen Bestandteile zusammen:

$$I(x) = H_m(x) + H_{m-1}(x) + \cdots + H_0.$$

Der Index deute den Grad in den $x$ an. Führen wir jetzt die Substitution $s$ aus, so ist:

$$H_m(x^s) + H_{m-1}(x^s) + \cdots + H_0 = c_s\big(H_m(x) + H_{m-1}(x) + \cdots + H_0\big).$$

$H_m(x^s)$ ist dabei wieder homogen vom Grade $m$. Man sieht, daß die homogenen Bestandteile von $I$ für sich Invarianten sein müssen, die zum selben Faktorensystem gehören wie $I$.

2) Wir haben uns von vornherein auf ganze rationale Invarianten beschränkt. Natürlich sind auch gebrochene rationale Invarianten von Interesse. Die Frage nach diesen wird aber sofort erledigt durch den

**Satz 1.4.** *Jede gebrochene rationale Invariante einer Gruppe läßt sich als Quotient zweier ganzer rationaler Invarianten schreiben.*

*Beweis*: Angenommen $I(x) = \dfrac{F(x)}{G(x)}$ sei eine gebrochene Invariante einer gewissen Gruppe, in reduzierter Form geschrieben. Dann ist:

$$\frac{F(x^s)}{G(x^s)} = c_s\, \frac{F(x)}{G(x)} \quad \text{oder} \quad F(x^s)\, G(x) = c_s\, F(x)\, G(x^s).$$

Da $F(x)$ und $G(x)$ teilerfremd vorausgesetzt sind, so muß $F(x^s)$ durch $F(x)$ teilbar sein; da aber beide vom selben Grade sind, so muß ihr Quotient eine Konstante sein, sagen wir $c_s'$: $F(x^s) = c_s'\, F(x)$, und daher $G(x^s) = \dfrac{c_s'}{c_s}\, G(x)$. $F(x)$ und $G(x)$ sind somit ganze rationale Invarianten der zugrunde gelegten Gruppe.

*Wir dürfen uns somit auf ganze rationale homogene Invarianten beschränken.*

3) Bei der symmetrischen Gruppe hatten wir gefunden: Jede Invariante läßt sich als ganze rationale Funktion der $n + 1$ speziellen Invarianten $\sigma_1, \ldots, \sigma_n, \Delta$ darstellen. Wir werfen im Anschluß hieran die Frage auf: Kann man für irgendeine gegebene Gruppe eine endliche Anzahl von Invarianten angeben, so daß jede beliebige Invariante der Gruppe als ganze rationale Funktion jener speziellen erscheint? Ist diese Frage, die uns in Abschnitt III beschäftigen wird, mit ja zu beantworten, so spricht man von einer Basis des Invariantensystems:

**Definition:** *Gibt es in dem Invariantensystem einer Gruppe ein endliches Teilsystem, derart, daß sich jede Invariante als ganze rationale Funktion dieser speziellen darstellen läßt, so heißt jenes Teilsystem eine* **Basis** *(auch* **Integritätsbasis,** *s. III, § 2) des gesamten Invariantensystems.*

Übrigens ist, falls $I_1, I_2, \ldots, I_r$ eine Basis darstellt, nicht jede ganze rationale Funktion dieser Invarianten wieder eine Invariante. Das ist zwar der Fall bei einem beliebigen Potenzprodukt $I_1^{\alpha_1} I_2^{\alpha_2} \cdots I_r^{\alpha_r}$. Gehören aber zu zwei verschiedenen Potenzprodukten verschiedene Faktorensysteme, so ist die Summe der beiden keine Invariante mehr.

Es kann der Fall eintreten, daß die Invarianten einer Basis voneinander abhängig sind, d. h., daß es ein Polynom $P(u_1, \ldots, u_r)$ gibt, das identisch verschwindet, wenn man die Variablen $u_1, \ldots, u_r$ durch die Glieder der Basis $I_1, \ldots, I_r$ ersetzt. Dieser Fall liegt z. B. vor bei den $n + 1$ Invarianten $\sigma_1, \ldots, \sigma_n, \Delta$, die eine Basis des Invariantensystems der symmetrischen Gruppe bilden. Denn $n + 1$ ganze rationale Funktionen von $n$ Veränderlichen sind stets voneinander algebraisch abhängig. Eine solche Abhängigkeit zwischen verschiedenen Elementen einer Basis heißt eine **Syzygie***.

## § 3. Simultane Invarianten

Es mögen $h$ Reihen von je $n$ Veränderlichen vorliegen:

$$(18) \qquad \begin{aligned} &x_1, x_2, \ldots, x_n; \\ &y_1, y_2, \ldots, y_n; \\ &\cdots\cdots\cdots\cdots; \\ &z_1, z_2, \ldots, z_n. \end{aligned}$$

Jede von diesen Reihen werde der gleichen Substitution $s$ unterworfen:

$$(19) \qquad x^s = s(x), \qquad y^s = s(y), \qquad \ldots, \qquad z^s = s(z).$$

Man sagt dafür auch: Die Veränderlichenreihen werden **kogredient** substituiert.

**Definition:** *Unter einer* **Simultaninvariante** *der $h$ Veränderlichenreihen (18) zu einer Gruppe $\mathfrak{G}$ von linearen Substitutionen $s$ in $n$ Veränder-*

---

* Siehe Literaturhinweis [2].

*lichen versteht man eine nicht identisch verschwindende ganze rationale Funktion der hn Veränderlichen* $x_1, x_2, \ldots, z_n$, *die bei der Ausführung der kogredienten Substitutionen* (19) *bis auf einen konstanten Faktor* $c_s$ *ungeändert bleibt. Die Zahl h heißt die* **Stufe** *der Invariante, das System der* $c_s$ *das zugehörige* **Faktorensystem.**

Dieser neue Invariantenbegriff ordnet sich dem früheren als Spezialfall ein, insofern als die $h$ Substitutionen (19) als e i n e Substitution $S$ spezieller Art der $h\,n$ Veränderlichen $x_1, \ldots, z_n$ aufgefaßt werden können. Die Matrix von $S$ hat nämlich die folgende Gestalt:

$$
S = \begin{pmatrix} s & & & \\ & s & & O \\ & & \cdot & \\ O & & & \cdot \\ & & & & s \end{pmatrix}.
$$

Jeder Substitution in $n$ Veränderlichen ist also eine solche in $h\,n$ Veränderlichen zugeordnet, und zwar derart, daß aus den Zuordnungen $s \to S,\, t \to T$ folgt: $s\,t \to S\,T$. Eine solche Zuordnung nennt man **Homomorphismus** (s. a. S. 14). Offenbar bilden die Substitutionen $S$, die so den Substitutionen $s$ einer Gruppe zugeordnet sind, wieder eine Gruppe

Das zur Gruppe der $S$ und zu einer bestimmten Invariante gehörige Faktorensystem ist schon durch die $s$ völlig bestimmt. Wir schreiben daher $c_s$, und für eine Simultaninvariante gilt also:

$$
I(x^s, y^s, \ldots, z^s) = c_s\, I(x, y, \ldots, z).
$$

Es ist wieder (vgl. (16), (16a)):

$$
c_s\, c_t = c_{s\,t}, \qquad c_{s^{-1}} = c_s^{-1}.
$$

Fassen wir jetzt die allgemeine lineare Gruppe $\mathfrak{L}_n$ ins Auge, so können wir zeigen, daß zu ihr keine Simultaninvarianten gehören, solange die Stufenzahl $h$ kleiner als $n$ ist. Dagegen gibt es für $h = n$ Simultaninvarianten von $\mathfrak{L}_n$. Zunächst zeigt man, daß Satz 1.2. auch noch bei Simultaninvarianten besteht. Der dortige Beweis gilt unverändert auch hier. Sei nun $I(x, y, \ldots, z)$ eine Invariante $h$-ter Stufe von $\mathfrak{L}_n$ und sei $h \leqq n$. Dann ist also bei beliebigem $s = (\alpha_{\nu\varkappa})$:

$$
I(x_1^s, \ldots, x_n^s;\, y_1^s, \ldots, y_n^s;\, \ldots;\, z_1^s, \ldots, z_n^s)
$$
$$
= |s|^p\, I(x_1, \ldots, x_n;\, \ldots;\, z_1, \ldots, z_n).
$$

Wir spezialisieren die Veränderlichen:

$$
x_1 = 1,\ x_2 = 0,\ \ldots,\ x_n = 0;
$$
$$
y_1 = 0,\ y_2 = 1,\ \ldots,\ y_n = 0;
$$
$$
\cdots\cdots\cdots\cdots\cdots\cdots\cdots;
$$
$$
z_1 = 0,\ \ldots,\ z_h = 1,\ \ldots
$$

Dann folgt die Identität in den $\alpha_{\nu\varkappa}$:

$$I(\alpha_{11}, \alpha_{21}, \ldots, \alpha_{n1}; \alpha_{12}, \alpha_{22}, \ldots, \alpha_{n2}; \ldots; \alpha_{1h}, \alpha_{2h}, \ldots, \alpha_{nh})$$
$$= |s|^p I(1, 0 \ldots 0; 0, 1, 0 \ldots; \ldots).$$

Diese ist nur möglich, wenn links sämtliche $\alpha_{\nu\varkappa}$ vorkommen, was erst für $h = n$ der Fall ist, und dann sind also die Simultaninvarianten notwendigerweise Potenzen der Determinante der $n$ Veränderlichenreihen. Daß diese Determinante und mithin auch ihre Potenzen tatsächlich Invarianten sind, folgt so:

$(x, y, \ldots)$ bedeute die Matrix, deren Spalten die Veränderlichenreihen $x, y, \ldots$ sind. Nach den Regeln der Matrizenrechnung ist dann:

$$(x^s, y^s, \ldots) = s(x, y, \ldots).$$

Geht man auf beiden Seiten zu den Determinanten über, so ergibt sich die Behauptung, und gleichzeitig sieht man, daß das Faktorensystem, das zu einer Potenz dieser Determinante gehört, durch dieselbe Potenz der Substitutionsdeterminanten gebildet wird. Wir haben also bewiesen:

**Satz 1.5.** *Ist $h < n$, so gibt es, abgesehen von Konstanten, keine Simultaninvarianten $h$-ter Stufe für die allgemeine lineare Gruppe. Bei $h = n$ ist die Determinante $D$ der Veränderlichenreihen eine Invariante und jede solche ist von der Form*

$$I = c\,D^p \qquad (c = const, \; p \; natürliche \; Zahl).$$

*Das zugehörige Faktorensystem ist $c_s = |s|^p$.*

Für $h > n$ sei das Resultat für spezielle Fälle angegeben: Für $n = 3$, $h = 4$ bilden die Determinanten 3. Grades aus der Matrix

$$\begin{pmatrix} x_1 & y_1 & z_1 & u_1 \\ x_2 & y_2 & z_2 & u_2 \\ x_3 & y_3 & z_3 & u_3 \end{pmatrix}$$

eine Basis des Systems der Simultaninvarianten 4. Stufe.

Im Falle $n = 2$, $h = 4$ gilt das Entsprechende von den sechs Unterdeterminanten 2. Grades, die sich aus

$$\begin{pmatrix} x_1 & y_1 & z_1 & u_1 \\ x_2 & y_2 & z_2 & u_2 \end{pmatrix}$$

bilden lassen. Werden sie mit $D_{xy}$ usw. bezeichnet, so besteht zwischen ihnen die Plückersche Relation:

$$D_{xy}\,D_{zu} - D_{xz}\,D_{yu} + D_{xu}\,D_{yz} = 0.$$

Es liegt also eine Syzygie vor.

Man kann neue Simultaninvarianten aus bekannten mittels des sog. **Aronholdschen Polarisierungsprozesses** gewinnen. Darunter wird folgendes verstanden: Sei $F(x, y, \ldots, z)$ eine beliebige ganze rationale

Funktion in den Veränderlichenreihen $x, y, \ldots, z$. Wir bilden mit einer neuen Veränderlichenreihe $w$ den Ausdruck:

$$G(x, y, \ldots, z, w) = \sum_{\nu=1}^{n} \frac{\partial F}{\partial x_\nu}\, w_\nu.$$

Man sagt, $G$ sei aus $F$ durch Polarisieren nach der Reihe $x$ entstanden. Ist $F$ linear homogen in der Reihe $x$, so entsteht $G$ aus $F$, indem man nur die $x$ durch die $w$ ersetzt.

Es gilt nun

**Satz 1.6. (Hauptsatz über den Polarisierungsprozeß):** *Ist $I(x, y, \ldots, z)$ für eine gewisse Gruppe eine Simultaninvariante in den $h$ Veränderlichenreihen $x, y, \ldots, z$ von je $n$ Veränderlichen, so ist*

$$\bar{I}(x, y, \ldots, z, w) = \sum_{\nu=1}^{n} \frac{\partial I}{\partial x_\nu}\, w_\nu$$

*eine Simultaninvariante in den $h+1$ Reihen $x, y, \ldots, z, w$, und zu $\bar{I}$ gehört das gleiche Faktorensystem wie zu $I$.*

Der Grad in bezug auf die $x$ erniedrigt sich bei Polarisierung um 1; die Stufe erhöht sich um 1, falls nicht $I$ in $x$ vom 1. Grad ist.

*Beweis* des Hauptsatzes: Nach Voraussetzung ist

$$I(x^s, y^s, \ldots, z^s) = c_s\, I(x, y, \ldots, z).$$

Differentiation nach $x_\nu$ ergibt: $\displaystyle \sum_{\varkappa=1}^{n} \left(\frac{\partial I}{\partial x_\varkappa}\right)_s \alpha_{\varkappa\nu} = c_s \frac{\partial I}{\partial x_\nu}$, wo $\left(\dfrac{\partial I}{\partial x_\varkappa}\right)_s$ bedeu-

tet, daß nach Ausführung der Differentiation jede Veränderlichenreihe bzw. zu ersetzen ist durch $x^s, y^s, \ldots, z^s$. Multipliziert man die letzte Gleichung mit $w_\nu$ und summiert über $\nu$, so erhält man:

$$\sum_{\nu=1}^{n} \sum_{\varkappa=1}^{n} \left(\frac{\partial I}{\partial x_\varkappa}\right)_s \alpha_{\varkappa\nu}\, w_\nu = c_s \sum_{\nu=1}^{n} \frac{\partial I}{\partial x_\nu}\, w_\nu$$

oder

$$\sum_{\varkappa=1}^{n} \left(\frac{\partial I}{\partial x_\varkappa}\right)_s w_\varkappa^s = c_s \sum_{\nu=1}^{n} \frac{\partial I}{\partial x_\nu}\, w_\nu\,.$$

Das ist die Behauptung.

*Beispiel:* Für die orthogonale Gruppe ist $x_1^2 + x_2^2 + \cdots + x_n^2$ eine Invariante 1. Stufe (vgl. § 1, Beispiel 6)). Der Polarisierungsprozeß liefert sofort als Invariante 2. Stufe:

$$x_1\, y_1 + x_2\, y_2 + \cdots + x_n\, y_n\,.$$

Wir können uns beim Studium der Simultaninvarianten auf solche beschränken, die in jeder einzelnen Veränderlichenreihe homogen sind. Denn jeder in bezug auf eine Veränderlichenreihe homogene Bestandteil einer Invariante ist selbst eine solche (vgl. S. 8). Ein Polynom in mehreren Veränderlichenreihen, das in jeder einzelnen Reihe homogen ist, heißt **eigentlich homogen**.

Durch fortgesetzte Anwendung des Aronholdschen Prozesses läßt sich erreichen, daß eine eigentlich homogene Invariante in eine in sämtlichen Veränderlichenreihen lineare Funktion übergeht. Führen wir beim Polarisierungsprozeß statt einer neuen Veränderlichenreihe wieder die Veränderlichen ein, nach denen wir differenziert haben, so erhalten wir auf Grund des Eulerschen Satzes über homogene Funktionen das $m$-fache der ursprünglichen Invariante, wenn $m$ deren Grad in der betrachteten Veränderlichenreihe ist.

Ist also eine Invariante durch hinreichend oftmalige Polarisierung in eine in jeder Veränderlichenreihe lineare Funktion übergeführt, so erhält man die ursprüngliche Invariante (bis auf einen ganzzahligen Faktor) zurück, indem man bestimmte Veränderlichenreihen identifiziert.

Wir dürfen uns daher beim Studium der Gesamtheit der Simultaninvarianten einer Gruppe beschränken auf die in sämtlichen Veränderlichenreihen linearen. Wenn wir uns allerdings die Aufgabe stellen, die Invarianten bis zu einer gewissen Stufenzahl zu studieren, so bedeutet die bei der Erniedrigung des Grades vermöge des Aronholdschen Prozesses eintretende Erhöhung der Stufenzahl unter Umständen ein Heraustreten aus dem ursprünglichen Bereich des Problems.

Eine Verallgemeinerung des bisherigen Begriffs der Simultaninvarianten bekommen wir, wenn wir zulassen, daß die Anzahl der Veränderlichen in den verschiedenen Reihen verschieden ist, was natürlich nach sich zieht, daß verschiedene Substitutionen angewandt werden. Seien $x, y, z, \ldots$ die Veränderlichenreihen, die bzw. den Substitutionen $s_0, s_1, s_2, \ldots$ unterworfen werden. Es muß natürlich gesagt werden, nach welchem Prinzip die gleichzeitig auszuführenden Substitutionen $s_0, s_1, s_2, \ldots$ der verschiedenen Veränderlichenreihen einander zugeordnet werden. Um dies festzusetzen, benötigen wir den Begriff des Homomorphismus.

Jeder Substitution $s$ einer Gruppe sei eine Substitution $H(s)$ (im allgemeinen einer anderen Veränderlichenreihe) zugeordnet, derart, daß gilt

$$(20) \qquad H(s\,t) = H(s)\,H(t).$$

Dann bilden die $H(s)$, wie wir zeigen, wieder eine Gruppe, und diese heißt zu der gegebenen homomorph. Das erste Gruppenpostulat ist nach (20) erfüllt. Ist $e$ die Einheitssubstitution der ursprünglichen Gruppe, dann ist $H(e)$ die Einheitssubstitution des neuen Systems; denn es ist:

$$H(e)\,H(s) = H(e\,s) = H(s) \quad \text{und} \quad H(s)\,H(e) = H(s\,e) = H(s).$$

Für eine beliebige Substitution $s$ gilt ferner:

$$H(s)\,H(s^{-1}) = H(s\,s^{-1}) = H(e).$$

Damit ist gezeigt, daß $H(s^{-1})$ die zu $H(s)$ inverse Substitution ist, die mithin im neuen System liegt. Insbesondere ist die Determinante jeder Substitution $H(s)$ von 0 verschieden. Es gilt also:

**Hilfssatz.** *Ist jeder Substitution $s$ einer Gruppe $\mathfrak{G}$ eine Substitution $H(s)$ (im allgemeinen einer anderen Veränderlichenreihe) zugeordnet, derart, daß gilt:*

$$H(st) = H(s)\,H(t),$$

*so bilden die $H(s)$ wieder eine Gruppe $\mathfrak{H}$.*

**Definition:** *Die in dem Hilfssatz beschriebene Abbildung der Gruppe $\mathfrak{G}$ auf die Gruppe $\mathfrak{H}$ heißt ein* **Homomorphismus,** *$\mathfrak{H}$ heißt homomorph zu $\mathfrak{G}$. Ist die Abbildung umkehrbar eindeutig, so spricht man von* **Isomorphismus,** *$\mathfrak{H}$ und $\mathfrak{G}$ sind dann zueinander isomorph.*

Wir setzen nun voraus, daß die Systeme $\{s_0\}$, $\{s_1\}$, ... je homomorph sind zu einer und derselben Gruppe $\mathfrak{G} = \{s\}$ von Substitutionen* $s$ und geben demgemäß die

**Definition:** *Unter einer* **Simultaninvariante im weiteren Sinn** *zu einer Gruppe $\mathfrak{G}$ von linearen Substitutionen $s$ verstehen wir eine nicht identisch verschwindende ganze rationale Funktion in mehreren Veränderlichenreihen $x_1, \ldots, x_{n_0}; y_1, \ldots, y_{n_1}; \ldots$, die bis auf einen konstanten Faktor $c_s$ ungeändert bleibt, wenn man die Veränderlichenreihe der $x$ einer Substitution $s_0 = H_0(s)$, die der $y$ einer Substitution $s_1 = H_1(s)$, ... unterwirft, wo $H_0, H_1, \ldots$ bestimmte Homomorphismen der Gruppe $\mathfrak{G}$, $s$ ein beliebiges Element aus $\mathfrak{G}$ bedeuten.*

Die Aufgabe, solche Simultaninvarianten zu studieren, ordnet sich in ähnlicher Weise wie bei speziellen Simultaninvarianten dem allgemeinen Invariantenproblem unter (s. S. 10). Schreiben wir nämlich die Veränderlichenreihen $x, y, z, \ldots$ in e i n e r Reihe an, so ist diese den Substitutionen

$$S = \begin{pmatrix} s_0 & & & \\ & s_1 & & O \\ & & s_2 & \\ O & & & \ddots \end{pmatrix}$$

zu unterwerfen. Die $S$ bilden wieder eine zur Gruppe der $s$ homomorphe Gruppe; der Homomorphismus ist sicher dann ein Isomorphismus, wenn das für mindestens einen der Homomorphismen $H_\iota$ ($\iota = 0, 1, 2, \ldots$) zutrifft.

---

* Die Substitutionsgruppen $\{s_0\} = \{H_0(s)\}$, $\{s_1\} = \{H_1(s)\}$, ... sind dann *Darstellungen* der Gruppe $\mathfrak{G}$ (s. Literaturhinweis [3]). Es steht übrigens nichts im Wege, für $\mathfrak{G}$ eine abstrakte Gruppe zugrunde zu legen. Da in allen später behandelten Fällen einer der Homomorphismen ein Isomorphismus ist, brauchen wir auf diese allgemeine Auffassung nicht einzugehen.

**Beispiele** von Homomorphismen:

1) Vermittels des zu einer Invariante gehörigen Faktorensystems einer Gruppe können wir lineare Substitutionen in einer Veränderlichen bilden: $x' = c_s\,x$. Diese bilden vermöge der Gleichung $c_s\,c_t = c_{st}$ eine zu der Gruppe der $s$ homomorphe Gruppe.

2) Die Zuordnung $s \to s^{\mathsf{T}^{-1}}$ ist nach (12) ein Homomorphismus und, weil umkehrbar, sogar ein Isomorphismus, d. h., die Gesamtheit der zu den Substitutionen einer Gruppe kontragredienten Substitutionen bilden eine zur vorigen isomorphe Gruppe.

3) Besonders wichtig ist folgendes Beispiel: $k$ sei eine fest gewählte positive ganze Zahl. Wir fassen die Gesamtheit der Potenzprodukte $k$-ten Grades

$$X = x_1^{\varkappa_1}\, x_2^{\varkappa_2} \cdots x_n^{\varkappa_n}, \qquad \varkappa_1 + \varkappa_2 + \cdots + \varkappa_n = k,$$

ins Auge. Sie sind linear unabhängig; ihre Anzahl ist die Anzahl der Kombinationen mit Wiederholungen von $n$ Elementen zur $k$-ten Klasse, d. i.

$$(21) \qquad N = \binom{n + k - 1}{k}^{*}.$$

Diese Potenzprodukte denken wir uns in wohlbestimmter Weise angeordnet, etwa nach dem lexikographischen Prinzip:

$$X_1, X_2, \ldots, X_N.$$

Die in den $x'$ entsprechend gebildeten und angeordneten Potenzprodukte bezeichnen wir mit

$$X_1', X_2', \ldots, X_N'.$$

Führen wir nun die Substitution $x' = s(x)$ aus, so erscheint jedes $X_\varrho'$ als eine Linearverbindung der $X_\sigma$:

$$X_\varrho' = \sum_{\sigma=1}^{N} A_{\varrho\sigma}\, X_\sigma,$$

wobei die Koeffizienten $A_{\varrho\sigma}$ homogene ganze rationale Funktionen in den $\alpha_{\nu\varkappa}$ sind, die wegen der linearen Unabhängigkeit der $X$ eindeutig bestimmt sind (vgl. S. 1). Es erfahren also die $X$ eine durch $s$ völlig bestimmte lineare Substitution. Man nennt sie die zu $s$ gehörige **$k$-te Potenzsubstitution** $P_k(s)$. Es besteht offenbar die Beziehung des Homo-

---

* Bezeichnet man die gesuchte Zahl zunächst mit $N(n, k)$, so sieht man leicht:

$$N(n, k) = \sum_{\varkappa=0}^{k} N(n - 1, \varkappa) = N(n, k - 1) + N(n - 1, k).$$

Diese Reduktionsformel wird von dem oben angegebenen Ausdruck befriedigt, der außerdem für $N(n, 1)$ und $N(1, k)$ den richtigen Wert gibt, womit die Formel bewiesen ist.

morphismus:

$$P_k(s)\,P_k(t) = P_k(s\,t).$$

Die Determinante $|P_k(s)| = d_s$ (die wegen des Gruppencharakters des Systems der $P_k(s)$ von 0 verschieden ist) ist leicht zu berechnen; es ist nämlich $d_e = 1$ und

$$d_s\,d_t = |P_k(s)|\;|P_k(t)| = |P_k(s)\,P_k(t)| = |P_k(s\,t)| = d_{s\,t}.$$

Außerdem ist $d_s$ eine ganze rationale Funktion der Koeffizienten von $s$. Diese beiden Tatsachen lagen dem Beweis auf S. 7 zugrunde, wo gezeigt wurde, daß die $c_s$ eine Potenz der Determinanten $|s|$ sind. Dasselbe gilt also jetzt von den $d_s$:

$$d_s = |s|^M.$$

Um $M$ zu bestimmen, setzen wir:

$$s = (\omega\,\delta_{\nu\varkappa}), \qquad \nu, \varkappa = 1, \ldots, n;$$

dann ist

$$|s| = \omega^n;$$

ferner:

$$P_k(s) = (\omega^k\,\delta_{\nu\varkappa}), \qquad \nu, \varkappa = 1, \ldots, N,$$

$$|P_k(s)| = \omega^{kN} = |s|^{\frac{kN}{n}}.$$

Also ist

$$M = \frac{k\,N}{n} = \binom{n+k-1}{k-1},$$

und wir erhalten:

$$(22) \qquad |P_k(s)| = |s|^M \quad \text{mit} \quad M = \binom{n+k-1}{k-1}.$$

*Beispiel*: $n = 2$, $k = 2$; $N = 3$, $M = 3$.

$$x_1' = \alpha\,x_1 + \beta\,x_2,$$

$$x_2' = \gamma\,x_1 + \delta\,x_2,$$

$$X_1 = x_1^2, \qquad X_2 = x_1 x_2, \qquad X_3 = x_2^2.$$

Man findet:

$$P_2(s) = \begin{pmatrix} \alpha^2 & 2\alpha\beta & \beta^2 \\ \alpha\gamma & \alpha\delta + \beta\gamma & \beta\delta \\ \gamma^2 & 2\gamma\delta & \delta^2 \end{pmatrix}$$

und bestätigt leicht (22).

4) Wenn wir für irgendeine Gruppe schon einen Homomorphismus $s \to H(s)$ kennen, so bekommen wir sofort einen neuen in:

$$K(s) = (H(s^{\mathsf{T}}))^{\mathsf{T}},$$

wofür wir auch $H^{\mathsf{T}}(s^{\mathsf{T}})$ schreiben. Denn es ist:

$$K(s\,t) = H^{\mathsf{T}}((s\,t)^{\mathsf{T}}) = H^{\mathsf{T}}(t^{\mathsf{T}}\,s^{\mathsf{T}}) = (H(t^{\mathsf{T}}\,s^{\mathsf{T}}))^{\mathsf{T}}$$
$$= (H(t^{\mathsf{T}})\,H(s^{\mathsf{T}}))^{\mathsf{T}} = H^{\mathsf{T}}(s^{\mathsf{T}})\,H^{\mathsf{T}}(t^{\mathsf{T}}) = K(s)\,K(t).$$

5) Es sei eine beliebige lineare Substitution $s$ in $n$ Veränderlichen gegeben: $x' = s(x)$. Wir wenden sie auf $n$ linear unabhängige Linearformen in $n$ neuen unabhängigen Veränderlichen $\xi$ an: $x = p(\xi)$; derselbe Zusammenhang bestehe zwischen $x'$ und $\xi'$, also $x' = p(\xi')$. Dann ist also

$$p(\xi') = s\,p(\xi) \quad \text{oder} \quad \xi' = p^{-1}\,s\,p(\xi).$$

Die Substitutionen $p^{-1}\,s\,p$ bilden dann eine zu der ursprünglichen Gruppe der $s$ homomorphe Gruppe, denn es ist:

$$p^{-1}\,s\,p\,p^{-1}\,t\,p = p^{-1}\,s\,t\,p.$$

Der Homomorphismus ist sogar ein Isomorphismus, denn wenn $s_1 \neq s_2$, so ist $p^{-1}\,s_1\,p \neq p^{-1}\,s_2\,p$. Die beiden Gruppen heißen zueinander **ähnlich**. Einander entsprechende Elemente haben gleiche Determinanten:

$$|p^{-1}\,s\,p| = |s|.$$

Für die Invariantentheorie ist dabei folgendes zu beachten: Sei $\mathfrak{G}$ die Gruppe der $s$, $\mathfrak{G}'$ die der $p^{-1}\,s\,p$, und $I(x)$ sei eine Invariante von $\mathfrak{G}$; dann ist $I(p(x))$ eine Invariante für $\mathfrak{G}'$. Denn es ist:

$$I\big(p(p^{-1}\,s\,p(x))\big) = I(s\,p(x)) = I\big(s(p(x))\big) = c_s\,I(p(x)).$$

## § 4. Invariantenprobleme der Formentheorie

**Definition:** *Unter einer **Form** in $n$ voneinander unabhängigen Veränderlichen versteht man einen homogenen ganzen rationalen Ausdruck in diesen Veränderlichen. Ist $k$ sein Grad, so spricht man von der **allgemeinen Form** $k$-ten Grades, wenn die Koeffizienten unabhängige Variable sind.*

Wir bezeichnen eine solche Form, um auch die Abhängigkeit vom Koeffizientensystem hervorzuheben, mit $f(a, x)$:

$$(23) \qquad f(a, x) = \sum a_{\varkappa_1 \varkappa_2 \ldots \varkappa_n}\, x_1^{\varkappa_1}\, x_2^{\varkappa_2} \cdots x_n^{\varkappa_n}, \qquad \varkappa_1 + \varkappa_2 + \cdots + \varkappa_n = k\,{}^*.$$

(Mit den „Veränderlichen" in (23) sind immer die $x_1, \ldots, x_n$ gemeint, obgleich auch die Koeffizienten Variable sind.)

Wir wenden auf die $x$ eine lineare Substitution an, wobei wir jedoch die Rolle der $x$ und $x'$ vertauschen, d. h., wir ersetzen die $x$ durch lineare Ausdrücke in den $x'$; es ist dabei zweckmäßig, den Ansatz

$$x = s^{\mathsf{T}}(x')$$

---

* Das Symbol $f(a, x)$ bezeichnet also einfach die Bilinearform in den beiden Veränderlichenreihen der Koeffizienten $a_{\varkappa_1 \ldots \varkappa_n}$ und der Potenzprodukte $x_1^{\varkappa_1} \cdots x_n^{\varkappa_n}$.

zugrunde zu legen; $s$ durchlaufe irgendeine Gruppe $\mathfrak{G}$. Wir erhalten dann eine Form $k$-ten Grades in den $x'$, deren Koeffizienten wir mit $a'$ bezeichnen:

$$(24) \qquad f(a', x') = f(a, x).$$

Wir fragen: Wie lassen sich diese $a'_{\varkappa_1 \varkappa_2 \ldots \varkappa_n}$ durch die $a_{\varkappa_1 \varkappa_2 \ldots \varkappa_n}$ ausdrücken? Wir schreiben $f(a, x)$ als Bilinearform in den $a$ und den Potenzprodukten $X$ der $x$. Dann lautet (24):

$$(24\,a) \qquad \sum_{\varrho=1}^{N} a'_\varrho X'_\varrho = \sum_{\varrho=1}^{N} a_\varrho X_\varrho, \qquad N = \binom{n+k-1}{k};$$

dabei repräsentiert jeder Index $\varrho$ ein System $\varkappa_1, \varkappa_2, \ldots, \varkappa_n$. Nach § 3, Beispiel 3) gilt:

$$X = P(X') \quad \text{oder} \quad X_\varrho = X'^P_\varrho \qquad (\varrho = 1, \ldots, N),$$

wo $P$ die $k$-te Potenzsubstitution zu $s^\mathsf{T}$ bedeutet:

$$(25) \qquad P = P_k(s^\mathsf{T}).$$

Damit wird aus (24a):

$$\sum_1^N a'_\varrho X'_\varrho = \sum_1^N a_\varrho X'^P_\varrho.$$

Nach (13b) ist der letzte Ausdruck gleich $\sum a_\varrho^{P^\mathsf{T}} X'_\varrho$, d. h., zwischen den $a'_\varrho$ und den $a_\varrho$ besteht die Beziehung

$$a' = P^\mathsf{T}(a).$$

Wir schreiben dafür

$$a' = Q_k^s(a);$$

dabei ist nach (25)

$$Q_k^s = P_k^\mathsf{T}(s^\mathsf{T}).$$

Da die $P_k(s)$ eine zu $\mathfrak{G}$ homomorphe Gruppe bilden, so gilt das gleiche nach § 3, Beispiel 4) für die $Q_k^s$. Die Koeffizienten von $Q_k^s$ sind ebenso wie die der $P_k(s)$ homogene ganze rationale Funktionen der Koeffizienten von $s$. Nach (22) ist

$$(26) \qquad |Q_k^s| = |s|^M \quad \text{mit} \quad M = \binom{n+k-1}{k-1}.$$

*Die Invarianten der Gruppe $\{Q_k^s\}$ wollen wir studieren. Das sind nicht identisch verschwindende ganze rationale Funktionen $I(a)$, für die gilt:*

$$(27) \qquad I(a') = c_s I(a) \quad \text{mit} \quad a' = Q_k^s(a), \quad Q_k^s = P_k^\mathsf{T}(s^\mathsf{T}).$$

Legen wir insbesondere für die $s$ wieder die allgemeine lineare Gruppe zugrunde, so spricht man auch von den **projektiven Invarianten der Form**. Es macht dabei keinen Unterschied, ob wir Formen mit reellen

oder mit komplexen Variablen und Koeffizienten betrachten und demgemäß die Gruppe $\mathfrak{L}_n$ als die reelle oder als die komplexe allgemeine
lineare Gruppe verstehen; denn die Gl. (27), in der $c_s$ eine gewisse ganze
rationale Funktion der Koeffizienten $\alpha_{\nu\varkappa}$ von $s$ ist, gilt für alle in Betracht
gezogenen Wertesysteme der $a_\varrho$ und der $\alpha_{\nu\varkappa}$ und ist daher nach dem
in Fußnote S. 7 angeführten Satz eine Identität in dem dort erklärten
Sinn in bezug auf die $a_\varrho$ und die $\alpha_{\nu\varkappa}$.

Das Faktorensystem $c_s$ besteht in diesem Fall aus einer Potenz der
Determinanten der $s$: $c_s = |s|^p, p \geqq 0$ ganz; denn der Beweis von
Satz 1.2. läßt sich übertragen, da die Koeffizienten von $Q_k^s$ ganz rational
in denen von $s$ sind.

Wir ändern die Schreibweise ein wenig ab, indem wir die Form $f(a, x)$
mit Polynomialkoeffizienten schreiben:

$$(28) \qquad f(a, x) = \sum \frac{k!}{\varkappa_1! \varkappa_2! \cdots \varkappa_n!} a_{\varkappa_1 \varkappa_2 \ldots \varkappa_n} x_1^{\varkappa_1} \cdots x_n^{\varkappa_n}$$

$$\text{mit} \quad \varkappa_1 + \varkappa_2 + \cdots + \varkappa_n = k.$$

Dadurch ändert sich an unseren ganzen Betrachtungen nichts Wesent-
liches; insbesondere unterscheidet sich die Substitution der $a$ in leicht
zu übersehender Weise von der vorigen. Die Bezeichnung $Q_k^s(a)$ wollen
wir nun für den hier vorliegenden Fall anwenden. Mißverständnisse sind
nicht zu befürchten. Insbesondere gilt (26) auch hier, da die Polynomialkoeffizienten in gleicher Weise in $f(a', x')$ wie in $f(a, x)$ hinzugenommen
werden.

Wir verallgemeinern unser Problem, indem wir auch hier den Begriff der Simultaninvarianten einführen. Es mögen mehrere allgemeine
Formen in derselben Veränderlichenreihe $x_1, \ldots, x_n$ zugrunde liegen:

$$f(a, x) \quad , \quad g(b, x) \quad , \quad \ldots$$

Dabei seien verschiedene Grade

$$k \quad , \quad k' \quad , \quad \ldots$$

zugelassen. Wir führen die Substitution $x = s^\mathsf{T}(x')$ aus und gewinnen
ganz wie oben für die

$$a \quad , \quad b \quad , \quad \ldots$$

bzw. die Substitutionen

$$a' = Q_k^s(a), \quad b' = Q_{k'}^s(b), \quad \ldots$$

Lassen wir $s$ insbesondere die allgemeine lineare Gruppe durchlaufen,
so kommen wir zu folgender, den vorigen Spezialfall mit umfassender
**Definition:** *Unter einer* **projektiven (Simultan-) Invariante** *von
einer oder mehreren Formen* $f(a, x)$, $g(b, x), \ldots$ *der Grade* $k, k', \ldots$ *verstehen wir eine nicht identisch verschwindende ganze rationale Funktion*

*$I(a, b, \ldots)$ der Koeffizienten $a, b, \ldots$, die invariant ist, wenn die $a, b, \ldots$ den Substitutionen $a' = Q_k^s(a)$, $b' = Q_{k'}^s(b), \ldots$ unterworfen werden, wo $s$ eine beliebige Substitution der allgemeinen linearen Gruppe bedeutet und die $Q$ definiert sind durch*

$$f(a', x') = f(a, x), \quad g(b', x') = g(b, x), \quad \ldots \quad mit \quad x = s^\mathsf{T}(x').$$

*Es ist also*

$$I(a', b', \ldots) = c_s \, I(a, b, \ldots).$$

$c_s$ ist das zu der Invariante gehörige **Faktorensystem.**

Für dieses gilt Satz 1.2. und sein Beweis:

**Satz 1.7.** *Das Faktorensystem $c_s$ einer projektiven Invariante eines beliebigen Formensystems besteht aus einer festen Potenz der Substitutionsdeterminanten*

$$c_s = |s|^p.$$

Es gilt also:

$$I(a', b', \ldots) = |s|^p \, I(a, b, \ldots).$$

$p$ heißt das **Gewicht** der Invariante.

Sind die zugrunde gelegten Formen speziell lineare Formen:

$$f(a, x) = a_1 x_1 + a_2 x_2 + \cdots + a_n x_n,$$

$$g(b, x) = b_1 x_1 + b_2 x_2 + \cdots + b_n x_n,$$

$$\cdots\cdots\cdots\cdots\cdots\cdots\cdots,$$

so sind (vgl. (13 b)) $Q_1^s(a) = s(a)$, $Q_1^s(b) = s(b), \ldots$, und der Begriff der (Simultan-) Invarianten unserer Formen deckt sich mit unserem früheren Begriff der (Simultan-) Invarianten.

Wir kommen zum Begriff der Kovariante. Eine solche ist eine Funktion der Koeffizienten $a, b, \ldots$ und der Veränderlichen $x$, die invariant ist, wenn die Substitutionen $x' = s^{\mathsf{T}^{-1}}(x)$, $a' = Q_k^s(a)$ , $b' = Q_{k'}^s(b), \ldots$ ausgeübt werden. Man beachte, daß hier genau der Fall der Definition von S. 14 vorliegt; denn die Gruppen der $Q_k^s$, $Q_{k'}^s, \ldots$ sind ja homomorph, die der $s^{\mathsf{T}^{-1}}$ ist isomorph zur Gruppe der $s$ (s. § 3, Beispiele 3) und 2), S. 15). Ohne wesentliche Beschränkung der Allgemeinheit (vgl. S. 8) setzen wir die Kovariante homogen in den $x$ voraus; dagegen verzichten wir zunächst auf die (ebenso zulässige) Voraussetzung der Homogenität in den Koeffizientensystemen $a, b, \ldots$ . Wir geben also folgende

**Definition:** *Unter einer **projektiven Kovariante** von einer oder mehreren Formen $f(a, x)$, $g(b, x), \ldots$ verstehen wir eine nicht identisch verschwindende ganze rationale Funktion $F(a, b, \ldots; x)$ mit den folgenden Eigenschaften: 1) Sie ist homogen in bezug auf die $x$. 2) Sie ist invariant, wenn auf die $x$ die Substitution $x' = s^{\mathsf{T}^{-1}}(x)$, auf die Koeffizienten die Substitutionen $a' = Q_k^s(a)$, $b' = Q_{k'}^s(b), \ldots$ ausgeübt werden (s. Defini-*

*tion S. 19f.), wobei s die allgemeine lineare Gruppe durchläuft. Es ist also:*

$$F(a', b', \ldots; x') = \gamma_s F(a, b, \ldots; x).$$

*Der Grad m von F in bezug auf die x heißt die* **Ordnung** *der Kovariante, das System der* $\gamma_s$ *das zu der Kovariante gehörige* **Faktorensystem.**

Offenbar ist $f(a, x)$ eine Kovariante zu sich selbst.

Das Faktorensystem $\gamma_s$ einer Kovariante genügt wieder der Beziehung

$$\gamma_s \gamma_t = \gamma_{st}.$$

Dagegen folgt nicht ohne weiteres, daß $\gamma_s$ eine ganze rationale Funktion der Elemente $\alpha_{\nu\varkappa}$ von $s$ ist. Denn die Koeffizienten der Substitution $x' = s^{\mathsf{T}^{-1}}(x)$ sind gebrochene Funktionen dieser Elemente. Und zwar ist (vgl. (8a)):

$$s^{\mathsf{T}^{-1}} = \left(\frac{\mathsf{A}_{\nu\varkappa}}{|s|}\right)^{\mathsf{T}}.$$

$\mathsf{A}_{\nu\varkappa}$ sind dabei ganze rationale Funktionen der $\alpha_{\nu\varkappa}$. Ausführlicher geschrieben sieht also unsere Substitution so aus:

$$x'_\nu = \frac{1}{|s|} \sum_{\varkappa=1}^{n} \mathsf{A}_{\varkappa\nu}\, x_\varkappa.$$

Daraus erkennt man, daß beim Ausführen der Substitution $s^{\mathsf{T}^{-1}}$ in $F(a, b, \ldots; x)$ der Faktor $\frac{1}{|s|^m}$ heraustritt, so daß $\gamma_s = \gamma_s(\alpha_{\nu\varkappa})$ als gebrochene Funktion mit dem Nenner $|s|^m$ erscheint:

$$\gamma_s = \frac{g_s}{|s|^m},$$

wo $g_s$ eine ganze rationale Funktion der $\alpha_{\nu\varkappa}$ bedeutet. Nun ist aber

$$\frac{g_{st}}{|st|^m} = \gamma_{st} = \gamma_s \gamma_t = \frac{g_s g_t}{|s|^m |t|^m} = \frac{g_s g_t}{|st|^m}$$

und somit

$$g_s g_t = g_{st}.$$

Auf die $g_s$ können wir unsere Schlußweise beim Beweis von Satz 1.2. anwenden, die zeigt, daß sie eine Potenz der Determinanten $|s|$ sind. Also gilt dasselbe von den $\gamma_s$:

$$(29) \qquad\qquad \gamma_s = |s|^p;$$

nur wäre denkbar, daß $p$ negativ ist. Wir werden bald sehen, daß dies nicht der Fall ist, wenn $n > 1$. $p$ heißt das **Gewicht der Kovariante.**

Wir werden es in diesem und im folgenden Abschnitt fast ausschließlich mit Invarianten und Kovarianten der allgemeinen linearen Gruppe, also mit projektiven Invarianten und Kovarianten, zu tun haben;

diese werden daher, wenn nicht ausdrücklich etwas anderes gesagt wird, immer gemeint sein, wenn von Invarianten und Kovarianten schlechthin die Rede ist. Nach einer Bemerkung auf S. 18f., die selbstverständlich auch für Simultaninvarianten und Kovarianten gilt, genügt es dabei, die Gruppe $\mathfrak{L}_n$ im Komplexen zu betrachten.

Ein wichtiges Beispiel einer Kovariante einer Form vom Grad $k \geq 2$ ist die **Hessesche Determinante.** Das ist die aus den zweiten Ableitungen von $f(a, x)$ nach den $x$ gebildete Determinante:

$$H(a, x) = \left| \frac{\partial^2 f}{\partial x_{\varkappa} \partial x_{\lambda}} \right|.$$

In bezug auf die $x$ ist sie homogen vom Grade $n(k-2)$, da $f$ homogen vom Grade $k$ und somit jedes $\dfrac{\partial^2 f}{\partial x_{\varkappa} \partial x_{\lambda}}$ homogen vom Grade $k-2$ ist.

Um das Bestehen der in der Definition S. 20 für eine Kovariante geforderten Eigenschaft 2) in unserem Fall nachzuweisen, differenzieren wir die Identität $f(a', x') = f(a, x)$ nach zwei der Veränderlichen $x'$, wobei wir die Ableitung nach $x'_{\varkappa}$ (bzw. $x_{\varkappa}$) durch einen angefügten Index $\varkappa$ kennzeichnen. Man erhält:

$$f_{\varkappa\lambda}(a', x') = \sum_{\mu, \nu = 1}^{n} f_{\mu\nu}(a, x)\, \alpha_{\varkappa\mu} \alpha_{\lambda\nu} \qquad (\varkappa, \lambda = 1, \ldots, n),$$

wenn $x = s^{\mathsf{T}}(x')$, $s = (\alpha_{\mu\varkappa})$. Bilden wir aus den $n^2$ Elementen links bzw. rechts die Determinanten, so steht rechts das Produkt der Determinante $|f_{\mu\nu}|$ mit dem Quadrat der Determinante $|s|$. Also:

$$H(a', x') = |f_{\varkappa\lambda}(a', x')| = |s|^2\, |f_{\varkappa\lambda}(a, x)| = |s|^2\, H(a, x).$$

Als Gewicht der Kovariante $H$ hat sich dabei der Wert 2 ergeben. Es gilt also:

**Satz 1.8.** *Die Hessesche Determinante einer Form $k$-ten Grades $(k \geq 2)$ ist eine projektive Kovariante dieser Form. Ihr Grad $r$ in bezug auf die Koeffizienten der Form, ihre Ordnung $m$ und ihr Gewicht $p$ sind:* $r = n$, $m = n(k-2)$, $p = 2$.

Im Falle $k = 2$ ist diese Kovariante von den $x$ unabhängig, nämlich bis auf den Faktor $2^n$ gleich der Determinante des Koeffizientensystems der Form, und somit eine Invariante. Die allgemeine quadratische Form in beliebig vielen Veränderlichen*

$$(30) \qquad f(a, x) = \sum_{\varkappa, \lambda = 1}^{n} a_{\varkappa\lambda}\, x_{\varkappa} x_{\lambda}, \qquad a_{\varkappa\lambda} = a_{\lambda\varkappa},$$

---

* Das ist eine andere Schreibweise von (28) und nicht von (23).

hat also die Invariante:

$$d = |a_{\iota \varkappa}|, \quad \iota, \varkappa = 1, \ldots, n.$$

Ihr Gewicht ist 2.

Es gilt nun der folgende Satz, der das Invariantenproblem dieser Form vollständig löst:

**Satz 1.9.** *Die Determinante $d$ einer quadratischen Form ist eine Basis des projektiven Invariantensystems dieser Form, d. h., jede Invariante läßt sich darstellen als*

$$I(a) = c\, d^\mu \quad (c = const, \ \mu \ natürliche \ Zahl).$$

*Beweis:* Es sei zunächst daran erinnert, daß nach Definition von $Q_2^s(a)$ gilt:

(30a)
$$f(a', x') = f(a, x),$$

wenn

$$x' = s^{\mathsf{T}^{-1}}(x), \quad a' = Q_2^s(a).$$

Wir bezeichnen hier die in (30) auftretende symmetrische Matrix der $a_{\varkappa \lambda}$ mit $a$, mit $a(x) = z$ das zugehörige System von Linearformen*:

$$z_\varkappa = \sum_{\lambda = 1}^{n} a_{\varkappa \lambda} x_\lambda.$$

$a', z'$ haben entsprechende Bedeutungen. Dann lautet (30a):

$$\sum_\varkappa z'_\varkappa x'_\varkappa = \sum_\varkappa z_\varkappa x_\varkappa,$$

oder, mit $x_\varkappa = x'^{\,s\mathsf{T}}_\varkappa$:

$$\sum_\varkappa z'_\varkappa x'_\varkappa = \sum_\varkappa z_\varkappa x'^{\,s\mathsf{T}}_\varkappa = \sum_\varkappa z^s_\varkappa x'_\varkappa \quad (\text{nach (13b)}).$$

Daher ist $z' = s(z)$, oder $a'(x') = s\, a(x)$, $a'\, s^{\mathsf{T}^{-1}}(x) = s\, a(x)$. Wegen der eindeutigen Bestimmtheit der Koeffizienten einer Substitution folgt daraus die Matrizengleichung $a'\, s^{\mathsf{T}^{-1}} = s\, a$, oder:

(30b)
$$a' = s\, a\, s^\mathsf{T}.$$

Nun sei $I(a)$ eine beliebige Invariante von $f(a, x)$, d. h. es gelte:

(30c)
$$I(a') = |s|^p\, I(a).$$

Wir spezialisieren das Koeffizientensystem von $f(a, x)$ zu dem der Einheitsform, das wir mit $e$ bezeichnen: $f(e, x) = \sum_{\varkappa = 1}^{n} x^2_\varkappa$. Dann wird aus (30a) und (30b):

$$f(e', x') = f(e, x)$$

mit

(30d)
$$e' = s\, s^\mathsf{T}$$

---

* Eine Verwechslung der Matrix $a$ mit der Veränderlichenreihe $a$ in $a' = {}^s_2 Q(a)$ ist wohl nicht zu befürchten.

und aus (30c):

$$(30\,\text{e}) \qquad\qquad I(e') = |s|^p\, I(e).$$

Wenn $s$ alle linearen Substitutionen mit komplexen Koeffizienten durchläuft ($|s| \neq 0$), so durchläuft $e'$ alle symmetrischen Matrizen mit $|e'| \neq 0$, $f(e', x')$ also alle quadratischen Formen in $x'$ mit komplexen Koeffizienten und $d = |e'| \neq 0$. Denn in (30b) läßt sich bei beliebigem symmetrischem $a$ die transformierende Matrix $s$ als die der Hauptachsentransformation wählen, d. h. so, daß $a' = s\, a\, s^\mathsf{T}$ eine Diagonalmatrix ist. Sind $\lambda_\nu\, (\nu = 1, \ldots, n)$ ihre Diagonalelemente, so ist mit $\sigma = \sigma^\mathsf{T} = (\lambda_\nu^{-\frac{1}{2}}\, \delta_{\nu\varkappa})$: $\sigma\, a'\, \sigma^\mathsf{T} = (\sigma s)\, a\, (\sigma s)^\mathsf{T}$ die Einheitsmatrix, also $a = (\sigma s)^{-1} (\sigma s)^{\mathsf{T}^{-1}}$. Schreibt man hier $s$ für $(\sigma s)^{-1}$, also $s^\mathsf{T}$ für $(\sigma s)^{\mathsf{T}^{-1}} = (\sigma s)^{-1\,\mathsf{T}}$, so erscheint $a$ in der Form (30d). Die Determinante $d = |e'|$ der so zu $s$ gehörigen Form ist nach (30d): $d = |s|^2$. Aus (30e) folgt mit der Abkürzung $I(e) = c$:

$$I(e') = c\,|s|^p = c\, d^{\frac{p}{2}} = c\,|e'|^{\frac{p}{2}}.$$

Da hier das Koeffizientensystem $e'$ das einer beliebigen quadratischen Form ist, so gilt diese Gleichung für alle quadratischen Formen, zunächst unter der Einschränkung $|e'| \neq 0$, nach dem Satz S. 7, Fußnote aber als Identität, und damit ist die Behauptung bewiesen mit $\mu = p/2$. Da $d$ eine irreduzible Funktion ihrer Elemente ist, so ist $p$ notwendig gerade.

Ein wichtiges Beispiel einer Kovariante mehrerer Formen ist die **Jacobische Determinante** $J$ zu $n$ gegebenen Grundformen in $n$ Veränderlichen:

$$(31) \qquad f^{(1)}(a^1, x), \quad f^{(2)}(a^2, x), \quad \ldots, \quad f^{(n)}(a^n, x).$$

Setzen wir

$$f_\varkappa^{(\nu)} = \frac{\partial f^{(\nu)}}{\partial x_\varkappa},$$

so ist

$$(32) \qquad\qquad J = |f_\varkappa^{(\nu)}(a^\nu, x)|.$$

Wir behaupten nun:

**Satz 1.10.** *Die Jacobische Determinante (32) der Formen (31) ist eine projektive Kovariante dieses Formensystems. Ist $k_\nu$ der Grad von $f^{(\nu)}(a^\nu, x)$, so sind der Grad $r_\nu$ in den Koeffizienten $a^\nu$, die Ordnung $m$ und das Gewicht $p$ bzw.: $r_\nu = 1$, $m = \sum\limits_\nu k_\nu - n$, $p = 1$.*

Zum *Beweise* differenzieren wir die Identität

$$f^{(\nu)}(a^{\nu\prime}, x') = f^{(\nu)}(a^\nu, x), \quad x = s^\mathsf{T}(x'), \quad s = (\alpha_{\varkappa\lambda})$$

nach $x_\varkappa'$:

$$f_\varkappa^{(\nu)}(a^{\nu\prime}, x') = \sum_{\lambda=1}^n f_\lambda^{(\nu)}(a^\nu, x)\, \alpha_{\varkappa\lambda}.$$

Bildet man aus diesen je $n^2$ Elementen die Determinanten, so folgt sofort die Invarianzeigenschaft mit $p = 1$. Die restlichen Aussagen liegen auf der Hand.

Wir kehren zum allgemeinen Kovariantenproblem zurück. Ohne Beschränkung der Allgemeinheit dürfen wir annehmen, die Kovarianten $F(a, b, \ldots; x)$ seien auch in jeder einzelnen der Reihen $a, b, \ldots$ homogen (vgl. S. 12); wir sprechen dann von **eigentlich homogenen Kovarianten**. Die zugehörigen Grade seien $r, r', \ldots$ . Zwischen den Zahlen $n, k, k', \ldots, m, r, r', \ldots, p$ besteht eine wichtige Beziehung:

**Satz 1.11. (Gewichtsregel).** *Sind $k, k', \ldots$ die Grade der Formen $f(a, x), g(b, x), \ldots$ in $n$ Veränderlichen $x$ und ist die zugehörige projektive Kovariante $F(a, b, \ldots; x)$ in den $a, b, \ldots$ je homogen mit den Graden $r, r', \ldots$*, in den $x$ homogen vom Grade $m$, so gilt:*

$$k\,r + k'\,r' + \cdots = n\,p + m.$$

*Für eine Invariante ist also*

$$k\,r + k'\,r' + \cdots = n\,p.$$

*Beweis:* Wir wählen die spezielle Substitution $s$:

$$x_\nu = \omega\,x_\nu', \qquad \omega \neq 0, \qquad \nu = 1, \ldots, n$$

mit $|s| = \omega^n$. Die Substitutionen $Q_k^s, Q_{k'}^s, \ldots$ sind dann:

$$a_\varkappa' = \omega^k a_\varkappa, \quad \varkappa = 0, \ldots, N(k); \quad b_\varkappa' = \omega^{k'} b_\varkappa, \quad \varkappa = 0, \ldots, N(k'); \quad \ldots$$

(vgl. (21)), und die Kovarianteneigenschaft besagt:

$$(33) \qquad F(\omega^k a, \omega^{k'} b, \ldots; \omega^{-1} x) = \omega^{np} F(a, b, \ldots; x).$$

Die linke Seite ist aber wegen der Homogenitätseigenschaften von $F$:

$$\omega^{kr} \omega^{k'r'} \cdots \omega^{-m} F(a, b, \ldots; x)$$

und Vergleich mit der rechten Seite ergibt unmittelbar die Gewichtsregel.

Die Hessesche und die Jacobische Determinante besitzen die in Satz 1.11. vorausgesetzte Homogenität und mit den in den Sätzen 1.8. und 1.10. angegebenen Zahlen bestätigt man leicht die Gewichtsregel.

Wir betrachten nun zunächst Kovarianten ein er Form $f(a, x)$. Sie sind notwendig auch in den $a$ homogen*. Ihre Bestimmung läßt sich folgendermaßen reduzieren: Wir denken uns eine Kovariante $F(a, x)$ nach Potenzprodukten der $x$ geordnet; die Koeffizienten sind dann Funktionen der $a$:

$$(34) \qquad F(a, x) = \varphi(a)\, x_1^m + \cdots.$$

---

* Für Kovarianten ein er Form $f(a, x)$ ist die Homogenität in bezug auf die $a$ eine Folgerung aus (33) und braucht daher nicht, wie hier geschehen, vorausgesetzt zu werden.

Wir schreiben die Kovarianteneigenschaft für die spezielle Substitution $x = \sigma^\mathsf{T}(x')$ an, wobei

$$(35) \qquad \sigma = (\alpha_{\varkappa\lambda}) \quad \text{mit} \quad \alpha_{1\lambda} = 0 \quad \text{für} \quad \lambda > 1,$$

also:

$$(35\,\text{a}) \qquad x_1 = \sum_{\varkappa=1}^{n} \alpha_{\varkappa 1} x_\varkappa', \qquad x_\nu = \sum_{\varkappa=2}^{n} \alpha_{\varkappa\nu} x_\varkappa' \quad \text{für} \quad \nu = 2, \ldots, n.$$

Man erhält:

$$(34\,\text{a}) \qquad \begin{aligned} F(a', x') &= \varphi(a')\, x_1'^m + \cdots \\ &= |\sigma|^p\, F(a, x) = |\sigma|^p \left( \varphi(a)\, x_1^m + \cdots \right). \end{aligned}$$

Setzt man auf der rechten Seite (35a) ein, so gibt allein das Glied mit $x_1^m$ ein solches mit $x_1'^m$; daher ist:

$$\varphi(a') = |\sigma|^p\, \alpha_{11}^m\, \varphi(a)$$

oder

$$(36) \qquad \varphi(Q_k^\sigma(a)) = |\sigma|^p\, \alpha_{11}^m\, \varphi(a).$$

Ist nun $\varphi(a) \not\equiv 0$, so steht links eine ganze rationale Funktion der $\alpha_{\varkappa\lambda}$; dasselbe ist rechts nur der Fall, wenn $p \geqq 0$. Nur wenn $n = 1$ ist, wird $|\sigma|^p = \alpha_{11}^p$ und man kann nur noch schließen $m + p \geqq 0$, was schon aus der Gewichtsregel folgt.

Wir setzen nun $n > 1$ voraus. Daß $\varphi(a) \not\equiv 0$ (wenn, wie vorausgesetzt wurde, $F(a, x) \not\equiv 0$) beweisen wir, indem wir eine andere spezielle Substitution $x = \tau_1^\mathsf{T}(x')$ ansetzen mit

$$\tau_1 = \begin{pmatrix} 1 & t_2 & \ldots & t_n \\ O & & e & \end{pmatrix},$$

wo $e$ die Einheitsmatrix, $t_1, \ldots, t_n$ unabhängige Variable bedeuten. Es sei also:

$$x_1 = x_1', \quad x_2 = t_2\, x_1' + x_2', \quad \ldots, \quad x_n = t_n\, x_1' + x_n'.$$

Die Determinante von $\tau_1$ ist 1. Setzen wir hiermit die Gleichung für die Kovarianteneigenschaft an (analog (34), (34a)) und setzen dann speziell $x_1' = 1$, $x_2' = x_3' = \cdots = x_n' = 0$, so folgt:

$$\varphi(a') = F(a; 1, t_2, t_3, \ldots, t_n).$$

Ersetzen wir noch $t_2$ durch $\dfrac{t_2}{t_1}, \ldots, t_n$ durch $\dfrac{t_n}{t_1}$, so erhalten wir:

$$(37) \qquad t_1^m\, \varphi(Q_k^\tau(a)) = F(a, t),$$

wobei $\tau$ die Substitution

$$(38) \qquad \tau = \begin{pmatrix} 1 & \dfrac{t_2}{t_1} & \ldots & \dfrac{t_n}{t_1} \\ O & & e & \end{pmatrix}$$

bezeichnet. $\varphi(a) \equiv 0$ würde $F(a, x) \equiv 0$ nach sich ziehen.

Damit ist also bewiesen: Falls $n > 1$, so ist $p \geqq 0$. Darüber hinaus ist aus (37) zu ersehen, daß die Kovariante $F(a, x)$ schon durch $\varphi(a)$ allein völlig bestimmt ist. Man nennt $\varphi(a)$ die **Quelle** oder das **Leitglied** von $F(a, x)$.

Wir verallgemeinern die vorstehenden Überlegungen auf Kovarianten von mehreren Formen, die wir wieder als eigentlich homogen voraussetzen. Analog zu den Formeln (36) und (37) erhält man durch den Ansatz

$$F(a, b, \ldots; x) = \varphi(a, b, \ldots) x_1^m + \cdots :$$

$$(36a) \qquad \varphi\big(Q_k^\sigma(a),\, Q_{k'}^\sigma(b),\, \ldots\big) = |\sigma|^p \, \alpha_{11}^m \, \varphi(a, b, \ldots),$$

$$(37a) \qquad t_1^m \, \varphi\big(Q_k^\tau(a),\, Q_{k'}^\tau(b),\, \ldots\big) = F(a, b, \ldots; t),$$

wo $\sigma$ und $\tau$ durch (35) bzw. (38) erklärt sind. $\varphi(a, b, \ldots)$ heißt wieder das **Leitglied** oder die **Quelle** der Kovariante.

(37) und (37a) zeigen:

**Satz 1.12.** *Eine projektive Kovariante einer Form oder eines Formensystems in beliebig vielen Veränderlichen ist durch das Leitglied eindeutig bestimmt; dieses kann nicht identisch verschwinden.*

Für den oben ausgeschlossenen Fall $n = 1$ ist der Satz trivialerweise richtig.

Aus (36a) folgt nun, wie oben aus (36), daß $p \geqq 0$ ist, wenn $n > 1$. Wir formulieren die damit gewonnene weitestgehende Verallgemeinerung des Hauptsatzes 1.2. (S. 7):

**Satz 1.13.** *Das Faktorensystem einer projektiven Kovariante einer Form oder eines Formensystems in $n > 1$ Veränderlichen besteht aus einer Potenz $|s|^p$ der Determinanten $|s|$ der Substitutionsmatrizen $s$ mit einer von $s$ unabhängigen ganzen Zahl $p \geqq 0$, dem Gewicht der Kovariante.*

Wir knüpfen weitere Überlegungen an unsere Grundformeln (36) und (37) bzw. (36a) und (37a) an. (37) und (37a) sagen uns, wie man bei bekanntem Leitglied die Kovariante findet, der es zugehört. (36) und (36a) geben eine notwendige Eigenschaft für das Leitglied, und zwar besteht diese in der Invarianz gegenüber Substitutionen $Q_k^\sigma, Q_{k'}^\sigma, \ldots$, wo $\sigma$ eine spezielle Substitution der $x$ von der Gestalt (35) bedeutet. Die $Q_k^\sigma$ bilden eine Gruppe, denn das trifft für die $\sigma$ zu (vgl. S. 14). Man nennt $\varphi(a)$, $\varphi(a, b, \ldots)$ eine Semiinvariante für die allgemeine lineare Gruppe.

**Definition:** *Eine **Semiinvariante** $\varphi(a, b, \ldots)$ der Formen $f(a, x)$, $g(b, x), \ldots$ der Grade $k, k', \ldots$ ist eine nicht identisch verschwindende ganze rationale Funktion der Koeffizientensysteme $a, b, \ldots$, die invariant ist gegenüber den Substitutionen (vgl. Definition S. 19f.) $a' = Q_k^\sigma(a)$, $b' = Q_{k'}^\sigma(b), \ldots$, wo $\sigma = (\alpha_{\varkappa\lambda})$, $\varkappa, \lambda = 1, \ldots, n$, die durch $\alpha_{1\lambda} = 0$ für $\lambda > 1$ gekennzeichnete Untergruppe der allgemeinen linearen Gruppe* *durchläuft. Es gilt also mit einem gewissen Faktorensystem $\varepsilon_\sigma$:*

$$(39) \qquad \varphi(a', b', \ldots) = \varepsilon_\sigma\, \varphi(a, b, \ldots).$$

Wir zeigen nun: Die genannte notwendige Bedingung für das Leitglied ist auch hinreichend. Es gilt nämlich der

**Satz 1.14. (Satz von Roberts):** *Eine ganze rationale Funktion $\varphi(a, b, \ldots)$ ist dann und nur dann Leitglied einer projektiven Kovariante der Formen $f(a, x)$, $g(b, x)$, $\ldots$, wenn sie Semiinvariante ist.*

*Beweis:* Für $n = 1$ ist der Satz trivial. Wir setzen daher im folgenden $n \geq 2$ voraus. Es ist nur noch zu zeigen, daß die Bedingung hinreichend ist. Zunächst zeigen wir, daß das in unserem Fall auftretende Faktorensystem $\varepsilon_\sigma = |\sigma|^p\, \alpha_{11}^m$ das einzig mögliche für eine Semiinvariante ist. Natürlich gilt wieder die Beziehung:

$$(40) \qquad \varepsilon_\sigma\, \varepsilon_{\sigma_1} = \varepsilon_{\sigma\sigma_1}.$$

Ferner ist $\varepsilon_\sigma$ eine ganze rationale Funktion der Koeffizienten $\alpha$ von $\sigma$:

$$\varepsilon_\sigma = \psi(\alpha).$$

Dagegen ist $\varepsilon_{\sigma^{-1}}$ eine gebrochene rationale Funktion der Koeffizienten von $\sigma$, wobei aber als Nenner nur eine Potenz der Determinante $|\sigma|$ auftritt (vgl. S. 21):

$$\varepsilon_{\sigma^{-1}} = \frac{\psi_1(\alpha)}{|\sigma|^l}.$$

Somit gilt:

$$1 = \varepsilon_\sigma\, \varepsilon_{\sigma^{-1}} = \frac{\psi(\alpha)\, \psi_1(\alpha)}{|\sigma|^l} \qquad \text{oder} \qquad \psi(\alpha)\, \psi_1(\alpha) = |\sigma|^l = \alpha_{11}^l\, \delta^l,$$

wobei $\delta$ die Unterdeterminante zu $\alpha_{11}$ ist. $\alpha_{11}$ und $\delta$ sind aber irreduzible Funktionen, somit ist $\varepsilon_\sigma = \psi(\alpha)$ von der Form:

$$(40\,\text{a}) \qquad \begin{aligned} \varepsilon_\sigma &= \psi(\alpha) = \alpha_{11}^q\, \delta^p = \alpha_{11}^{q-p}\, |\sigma|^p = \alpha_{11}^m\, |\sigma|^p \\ &\text{mit} \quad p \geq 0, \quad q \geq 0, \quad m = q - p. \end{aligned}$$

Ein noch möglicher konstanter Faktor muß 1 sein, wie man sieht, wenn man für $\sigma$ die Identität setzt. Dabei ist $m < 0$ nicht von vornherein ausgeschlossen, vielmehr ist $\alpha_{11}^m\, |\sigma|^p$ stets ein Faktorensystem zur Gruppe der $Q_k^\sigma, Q_{k'}^\sigma, \ldots$, d. h. ein System, für das (40) gilt. Doch gehört im Falle $m < 0$ keine Invariante mehr zu ihm, wie wir sehen werden. Dagegen wissen wir jetzt schon: $p \geq 0$.

Es liege nun eine Semiinvariante $\varphi(a, b, \ldots)$ vor. Dann gilt also:

$$(41) \qquad \varphi(Q_k^\sigma(a),\, Q_{k'}^\sigma(b),\, \ldots) = |\sigma|^p\, \alpha_{11}^m\, \varphi(a, b, \ldots).$$

Wir machen den nach (37a) bei $m \geq 0$ einzig möglichen Ansatz:

$$(41\,\text{a}) \qquad t_1^m\, \varphi(Q_k^\tau(a),\, Q_{k'}^\tau(b),\, \ldots) = F(a, b, \ldots;\, t)$$

und weisen nach, daß wir in $F$ eine Kovariante gewonnen haben. Da möglicherweise $m < 0$ ist, und die Koeffizienten von $Q_k^\tau(a)$, $Q_{k'}^\tau(b)$, $\ldots$

ganz rational von denen von $\tau$, d. h. von $\dfrac{t_2}{t_1}, \ldots, \dfrac{t_n}{t_1}$ abhängen, so könnte $F$ in $t_1$ auch gebrochen sein. Wir nehmen eine beliebige Substitution $s$ an:

$$t = s^{\mathsf{T}}(t'), \quad \text{wo} \quad s = (\alpha_{\varkappa\lambda}),$$

und gehen mit

$$a' = Q_k^s(a), \; b' = Q_{k'}^s(b), \; \ldots$$

in unseren Ansatz ein. Wir setzen:

$$t_1'^m \, \varphi\big(Q_k^{\tau'}(a'), \; Q_{k'}^{\tau'}(b'), \ldots\big) = G,$$

wo $\tau'$ aus $\tau$ entsteht, indem sämtliche $t$ mit einem Strich versehen werden. Wir haben nun nachzuweisen: $G = |s|^p \, F$.

Es ist:

$$G = t_1'^m \, \varphi\big(Q_k^{\tau'}(Q_k^s(a)), \; Q_{k'}^{\tau'}(Q_{k'}^s(b)), \ldots\big) = t_1'^m \, \varphi\big(Q_k^{\tau's}(a), \; Q_{k'}^{\tau's}(b), \ldots\big).$$

Die Zeilen der Matrix $\tau's$ stimmen bis auf die erste überein mit denen der Matrix $s$. Dagegen ist das $\nu$-te Element der ersten Zeile:

$$\alpha_{1\nu} + \frac{t_2'}{t_1'}\alpha_{2\nu} + \frac{t_3'}{t_1'}\alpha_{3\nu} + \cdots + \frac{t_n'}{t_1'}\alpha_{n\nu} = \frac{t_\nu}{t_1'}.$$

Die so gewonnene Matrix

$$\tau's = \begin{pmatrix} \dfrac{t_1}{t_1'} & \dfrac{t_2}{t_1'} & \cdots & \dfrac{t_n}{t_1'} \\ \alpha_{21} & \alpha_{22} & \cdots & \alpha_{2n} \\ \cdots & \cdots & \cdots & \cdots \\ \alpha_{n1} & \alpha_{n2} & \cdots & \alpha_{nn} \end{pmatrix}$$

können wir auch als Produkt $\sigma_1\tau$ darstellen; die Matrix $\sigma_1$ ist eindeutig bestimmt durch die Gleichung $\sigma_1\tau = \tau's : \sigma_1 = \tau's\,\tau^{-1}$. Die erste Zeile von $\sigma_1\tau$ stimmt mit der ersten Zeile von $\tau's$ überein, wenn die erste Zeile von $\sigma_1$ gewählt wird als $\dfrac{t_1}{t_1'}, 0, \ldots, 0$. Die weiteren Zeilen interessieren nicht, wichtig ist nur, daß $\sigma_1$ von der Gestalt (35) mit $\alpha_{11} = \dfrac{t_1}{t_1'}$ ist. Da $|\tau'| = |\tau| = 1$, so ist $|\sigma_1| = |s|$.

Damit wird

$$G = t_1'^m \, \varphi\big(Q_k^{\sigma_1\tau}(a), \; Q_{k'}^{\sigma_1\tau}(b), \ldots\big) = t_1'^m \, \varphi\big(Q_k^{\sigma_1}(Q_k^\tau(a)), \; Q_{k'}^{\sigma_1}(Q_{k'}^\tau(b)), \ldots\big).$$

Jetzt benützen wir die Semiinvarianteneigenschaft von $\varphi$ und finden mit Rücksicht auf (41) und $|\sigma_1| = |s|$:

$$G = t_1'^m \left(\frac{t_1}{t_1'}\right)^m |\sigma_1|^p \, \varphi\big(Q_k^\tau(a), \; Q_{k'}^\tau(b), \ldots\big)$$

$$= |s|^p \, t_1^m \, \varphi\big(Q_k^\tau(a), \; Q_{k'}^\tau(b), \ldots\big) = |s|^p \, F,$$

w.z.b.w.

Es bleibt noch zu zeigen, daß $F$ eine ganze rationale Funktion ist. Wäre $F$ gebrochen, so käme als Nenner nur eine Potenz von $t_1$ in Frage:

$$(41\,\mathrm{b}) \qquad F(a, b, \ldots; t) = \frac{H(a, b, \ldots; t)}{t_1^{\mu}},$$

wo $H$ eine ganze rationale Funktion bedeutet. Nun ist aber $F$ Simultaninvariante (vgl. S. 19f. und 14) einer gewissen Gruppe, und damit sind auch, wenn (41 b) $F$ als vollständig reduzierten Bruch darstellt, Zähler und Nenner für sich Simultaninvarianten derselben Gruppe (vgl. S. 8), somit Kovarianten des zugrunde gelegten Formensystems. Das kann aber, wenn $n > 1$, bei $t_1^{\mu}$ mit $\mu > 0$ unmöglich der Fall sein. Daraus geht auch hervor, daß, wenn es zu unserem Faktorensystem $\varepsilon_\sigma = \alpha_{11}^m \,|\sigma|^p$ eine Semiinvariante gibt, $m \geqq 0$ sein muß (vgl. (41 a) und die anschließende Bemerkung).

Wir fassen noch unsere Ergebnisse über das Faktorensystem einer Semiinvariante zusammen:

**Satz 1.15.** *Das Faktorensystem einer Semiinvariante einer Form oder eines Formensystems in $n > 1$ Veränderlichen hat die Gestalt (vgl. Definition S. 27):*

$$\varepsilon_\sigma = \alpha_{11}^m \,|\sigma|^p,$$

*wo $m$ und $p$ von $\sigma$ unabhängige, nicht negative ganze Zahlen sind. Ist die Semiinvariante eigentlich homogen mit bzw. den Graden $r, r', \ldots$ in den Koeffizienten der Formen der Grade $k, k', \ldots$, so gilt*

$$(42) \qquad m = k\,r + k'\,r' + \cdots - n\,p.$$

Die letzte Aussage folgt einfach daraus, daß zu der Semiinvariante eine Kovariante gehört, für die die in (42) vorkommenden Größen dieselbe Bedeutung wie in der Gewichtsregel (Satz 1.11.) haben.

Auf Grund des Satzes von Roberts ist die Theorie der Kovarianten nicht verschieden von der der Semiinvarianten.

Wir beweisen endlich:

**Satz 1.16.** *Eine eigentlich homogene projektive Kovariante von solchen Kovarianten eines Formensystems ist wieder eine Kovariante desselben Formensystems.*

Der Sinn dieser Aussage ist folgender: Wir gehen aus von einer Anzahl allgemeiner Formen

$$f(a, x), \qquad g(b, x), \qquad \ldots,$$

und es seien einige zugehörige Kovarianten bekannt:

$$F(a, b, \ldots; x), \quad G(a, b, \ldots; x), \ldots$$

mit bzw. den Ordnungen

$$m, \qquad m', \qquad \ldots.$$

Diese kann man sich aus den allgemeinen Formen der Grade $m, m', \ldots$

$$\Phi(c, x), \qquad \Psi(d, x), \qquad \ldots$$

entstanden denken, indem man für die Koeffizienten $c, d, \ldots$ gewisse Funktionen von $a, b, \ldots$ einsetzt:

$$(43) \qquad c = c(a, b, \ldots), \; d = d(a, b, \ldots), \; \ldots.$$

Die Aussage des Satzes ist nun dahin zu verstehen, daß eine eigentlich homogene Kovariante der allgemeinen Formen $\Phi, \Psi, \ldots$, die eine Funktion der $c, d, \ldots$ und der $x$ ist

$$K(c, d, \ldots; x),$$

eine Kovariante der Formen $f, g, \ldots$ ergibt, wenn man für die $c, d, \ldots$ die Ausdrücke (43) einsetzt.

*Beweis* von Satz 1.16.: Nach Voraussetzung ist:

$$F(a', b', \ldots; x') = \gamma_s \, F(a, b, \ldots; x)$$

oder

$$(43\,\text{a}) \qquad \Phi\big(c(a', b', \ldots); x'\big) = \gamma_s \, \Phi\big(c(a, b, \ldots); x\big).$$

Andererseits ist:

$$\Phi(c', x') = \Phi(c, x),$$

wobei

$$c' = Q_m^s(c).$$

Diese Beziehung gilt auch, wenn die $c$ vermöge (43) spezialisiert werden:

$$(43\,\text{b}) \qquad \Phi\big(c'(a, b, \ldots); x'\big) = \Phi\big(c(a, b, \ldots); x\big),$$

wobei $c'(a, b, \ldots)$ definiert ist durch

$$(43\,\text{c}) \qquad c'(a, b, \ldots) = Q_m^s\big(c(a, b, \ldots)\big).$$

Aus (43 a) und (43 b) folgt:

$$\Phi\big(c(a', b', \ldots); x'\big) = \gamma_s \, \Phi\big(c'(a, b, \ldots); x'\big).$$

Dieser Identität in $a, b, \ldots, x$ entnehmen wir mit Rücksicht auf die Linearität von $\Phi$ in bezug auf die $c$:

$$(43\,\text{d}) \qquad c(a', b', \ldots) = \gamma_s \, c'(a, b, \ldots).$$

Ganz dieselben Überlegungen gelten für

$$G(a, b, \ldots; x) = \Psi\big(d(a, b, \ldots); x\big), \; \ldots.$$

Dabei ergibt sich:

$$(43\,\text{e}) \qquad d(a', b', \ldots) = \delta_s \, d'(a, b, \ldots), \; \ldots.$$

Ist nun $K(c, d, \ldots; x)$ eine Kovariante des Systems $\Phi, \Psi, \ldots$, so gilt:

$$K(c', d', \ldots; x') = \varepsilon_s \, K(c, d, \ldots; x).$$

Spezialisieren wir hierin die $c', d', \ldots, c, d, \ldots$ gemäß (43), so folgt, wenn wir die Formeln (43 d), (43 e) anwenden:

$$K\left(\gamma_s^{-1} c\,(a', b', \ldots), \; \delta_s^{-1} d\,(a', b', \ldots), \ldots; x'\right)$$
$$= \varepsilon_s\, K\big(c\,(a, b, \ldots), \; d\,(a, b, \ldots), \ldots; x\big).$$

Da aber $K$ als eigentlich homogen vorausgesetzt war, so können links die $\gamma_s^{-1}, \delta_s^{-1}, \ldots$ herausgezogen und dann mit $\varepsilon_s$ zusammengefaßt werden, worauf man die Behauptung erhält:

$$K\big(c\,(a', b', \ldots), \; d\,(a', b', \ldots), \ldots; x'\big)$$
$$= \eta_s\, K\big(c\,(a, b, \ldots), \; d\,(a, b, \ldots), \ldots; x\big)$$

mit $\eta_s = \varepsilon_s\, \gamma_s^{r}\, \delta_s^{r'} \cdots$, wenn $r, r', \ldots$ bzw. die Grade von $K$ in bezug auf $c, d, \ldots$ sind.

## § 5. Die erzeugenden Substitutionen einer Gruppe

Es liege eine Gruppe $\mathfrak{G}$ linearer Substitutionen in $n$ Veränderlichen vor. Wir greifen eine endliche oder unendliche Teilmenge $\mathfrak{M}$ aus den Elementen von $\mathfrak{G}$ heraus. Aus $\mathfrak{M}$ nehmen wir wieder irgendein endliches System von nicht notwendig verschiedenen Substitutionen

$$s_1, s_2, \ldots, s_k$$

und bilden alle möglichen Produkte

$$s_1^{\alpha_1} s_2^{\alpha_2} \cdots s_k^{\alpha_k}$$

mit ganzzahligen $\alpha_\varkappa$. Die Gesamtheit der Substitutionen, die wir bei festem $\mathfrak{M}$ auf diese Weise gewinnen können, bilden offenbar eine Gruppe $\mathfrak{U}$, die eine Untergruppe von $\mathfrak{G}$ ist. Fällt $\mathfrak{U}$ mit $\mathfrak{G}$ zusammen, so sagt man: Die Substitutionen von $\mathfrak{M}$ erzeugen die Gruppe $\mathfrak{G}$.

**Definition:** *Eine Teilmenge $\mathfrak{M}$ der Elemente einer Gruppe $\mathfrak{G}$ heißt ein **erzeugendes System** für $\mathfrak{G}$, wenn sich jede Substitution $s \in \mathfrak{G}$ darstellen läßt als Potenzprodukt*

$$s = s_1^{\alpha_1} \cdots s_k^{\alpha_k}$$

*einer beliebigen Anzahl von Elementen aus $\mathfrak{M}$ mit positiven oder negativen Exponenten.*

Für die Invariantentheorie ist der Begriff der erzeugenden Substitutionen aus folgendem Grunde wichtig: Ist zu prüfen, ob eine vorgelegte Funktion eine Invariante einer bestimmten Gruppe ist, so genügt es, diese Prüfung für jede Substitution eines erzeugenden Systems durchzuführen; wir erhalten auf diese Weise hinreichende Bedingungen für Invarianten, die natürlich zugleich notwendig sind.

Wir geben in den folgenden Sätzen Systeme von erzeugenden Substitutionen für einige der in § 1 (S. 3 ff.) aufgeführten Gruppen.

**Satz 1.17.** *Wenn $n \geq 2$, so wird die symmetrische Gruppe $\mathfrak{S}_n$ erzeugt durch die Transposition $(1, 2)$ und den Zyklus $(1, 2, 3, \ldots, n)$.*

*Beweis:* Für $n = 2$ ist der Satz trivial. — Da sich jede Permutation als Produkt von Transpositionen darstellen läßt, so genügt es bei $n > 2$ zu zeigen, daß sich jede Transposition darstellen läßt als Produkt der im Satz genannten Permutationen und ihrer Inversen. Es ist aber:

$$(1, 2, \ldots, n)^{-1} (1, 2) (1, 2, \ldots, n) = (2, 3),$$
$$(1, 2, \ldots, n)^{-1} (2, 3) (1, 2, \ldots, n) = (3, 4) \quad \text{usw.}$$

Damit sind alle Transpositionen der Form $(\nu - 1, \nu)$ erzeugt. Durch

$$(2, 3) (1, 2) (2, 3) = (1, 3),$$
$$(3, 4) (1, 3) (3, 4) = (1, 4) \quad \text{usw.}$$

werden alle Transpositionen der Gestalt $(1, \nu)^*$ erzeugt und endlich durch

$$(1, \beta) (1, \alpha) (1, \beta) = (\alpha, \beta)$$

eine beliebige Transposition mit $\alpha \neq 1$.

Sind $\varkappa$, $\lambda$ zwei feste Indices, $\varkappa \neq \lambda$, so sei mit $\mathfrak{U}_{\varkappa \lambda}(t)$ bei reellem bzw. komplexem $t$ folgende Substitution bezeichnet, die wir **Verschiebung** nennen:

$$x'_\mu = x_\mu \quad \text{für} \quad \mu \neq \varkappa; \quad x'_\varkappa = x_\varkappa + t\, x_\lambda.$$

Zum Beispiel ist, wenn $e$ die Einheitsmatrix bezeichnet:

$$\mathfrak{U}_{12}(t) = \begin{pmatrix} 1 & t & \\ 0 & 1 & O \\ & O & e \end{pmatrix}.$$

Es gilt:

$$\mathfrak{U}_{\varkappa \lambda}^{-1}(t) = \mathfrak{U}_{\varkappa \lambda}(-t).$$

Die nachstehend bewiesenen Sätze sind für die betreffende Gruppe im Reellen und im Komplexen richtig, wenn nicht ausdrücklich eine Einschränkung gemacht wird.

**Satz 1.18.** *Die unimodulare Gruppe für $n > 1$ (§ 1, Beispiel 2)) wird durch die Gesamtheit aller $\mathfrak{U}_{\varkappa \lambda}(t)$ erzeugt, wenn $\varkappa$, $\lambda$ alle möglichen Wertepaare mit $\varkappa \neq \lambda$ und $t$ alle Werte durchläuft.*

*Beweis:* Linksseitige Multiplikation einer beliebigen Matrix $s$ mit $\mathfrak{U}_{\varkappa \lambda}(t)$ bedeutet, daß zur $\varkappa$-ten Zeile das $t$-fache der $\lambda$-ten addiert wird. Rechtsseitige Multiplikation dagegen bedeutet Addition der $t$-fachen $\varkappa$-ten Spalte zur $\lambda$-ten. Wir haben es also mit sogenannten Elementarumformungen zu tun. Offenbar genügt es jetzt zu beweisen, daß jede Matrix der Determinante 1 durch fortgesetzte Elementaroperationen in die Einheitsmatrix übergeführt werden kann.

----

* In dem Symbol $(\alpha, \beta)$ für eine Transposition ist $\alpha \neq \beta$ vorausgesetzt.

Es sei $s = (\alpha_{\varkappa\lambda})$ eine beliebige Matrix mit $|s| \neq 0$; $|s| = 1$ werde noch nicht vorausgesetzt. Mindestens ein Element der ersten Spalte ist $\neq 0$. Gibt es ein $\alpha_{\nu 1} \neq 0$ mit $\nu \neq 1$, so wählen wir $t$ so, daß $\alpha_{11} + t\,\alpha_{\nu 1} = 1$. Dann enthält $\mathfrak{U}_{1\nu}(t)\,s$ links oben das Element 1. Gilt dagegen für alle $\nu \neq 1$: $\alpha_{\nu 1} = 0$, so gibt es z. B. in der zweiten Zeile ein Element $\alpha_{2\varkappa} \neq 0$, $\varkappa \neq 1$. Dann ergibt $s\,\mathfrak{U}_{\varkappa 1}(t)$ mit beliebigem $t \neq 0$ eine Matrix, die an der ersten Stelle der zweiten Zeile ein Element $\neq 0$ aufweist, womit wir beim vorigen Falle angelangt sind. Eine Matrix, in der links oben 1 steht, kann man aber durch Elementarumformungen so umgestalten, daß die erste Spalte und die erste Zeile außer dieser 1 nur noch 0 enthalten.

Die übrigbleibende Matrix wird nun hinsichtlich der zweiten Spalte und zweiten Zeile entsprechend behandelt, wobei an der ersten Spalte und der ersten Zeile nichts mehr geändert wird. Durch Fortsetzung des Prozesses auf die dritte, vierte usw. Spalte bzw. Zeile erhält man schließlich eine Matrix, die nur in der Hauptdiagonale von 0 verschiedene Elemente enthält. Diese sind sämtlich 1, bis auf das letzte, welches den Wert $|s|$ hat, da sich bei den Elementarumformungen der Wert der Determinante nicht geändert hat. War von vornherein $|s| = 1$, so haben wir jetzt in der Tat die Einheitsmatrix gewonnen.

Den uns besonders interessierenden Fall der allgemeinen linearen Gruppe können wir in verschiedener Weise auf den der unimodularen Gruppe zurückführen. Entweder führen wir zuerst die Substitution

$$x'_\nu = x_\nu \quad \text{für} \quad \nu = 1, \ldots, n-1, \quad x'_n = \delta\,x_n \quad \text{mit} \quad \delta = |s|^{-1}$$

aus, oder wir stellen, wenn es sich um die komplexe $\mathfrak{L}_n$ handelt, die Substitution

$$x'_\nu = \omega\,x_\nu, \quad \nu = 1, \ldots, n$$

voran, wo $\omega = |s|^{-\frac{1}{n}}$ einen beliebigen der möglichen $n$ Werte, aber für alle $\nu$ denselben bedeutet. Beidemale wird die beliebige Substitution $s$ auf eine unimodulare reduziert.

Ferner können wir auch statt aller Verschiebungen $\mathfrak{U}_{\varkappa\lambda}(t)$ nur die $\mathfrak{U}_{12}(t)$ und außerdem gewisse Permutationen heranziehen. Jedes $\mathfrak{U}_{\varkappa\lambda}(t)$ läßt sich nämlich durch $\mathfrak{U}_{12}(t)$ und gewisse Transpositionen erzeugen; denn es ist* $(\varkappa \neq \lambda)$, wenn $(\varkappa, 1)$ für $\varkappa = 1$ die Identität bedeutet:

für $\quad \lambda \neq 1$: $\qquad (\varkappa, 1)\,(\lambda, 2)\,\mathfrak{U}_{12}(t)\,(\lambda, 2)\,(\varkappa, 1) = \mathfrak{U}_{\varkappa\lambda}(t)$,

für $\quad \lambda = 1, \varkappa \neq 2$: $(1, 2)\,(\varkappa, 1)\,\mathfrak{U}_{12}(t)\,(\varkappa, 1)\,(1, 2) = \mathfrak{U}_{\varkappa 1}(t)$,

für $\quad \lambda = 1, \varkappa = 2$: $\qquad (1, 2)\,\mathfrak{U}_{12}(t)\,(1, 2) \qquad = \mathfrak{U}_{21}(t)$.

---

* Multipliziert man eine Matrix $s$ von links mit der zu einer Permutation gehörigen Matrix, so werden die Zeilen von $s$ dieser Permutation unterworfen; dieselbe Permutation der Spalten erhält man, indem man von rechts mit der Matrix der inversen Permutation multipliziert.

Nach Satz 1.17. ist ferner jede Transposition unter den Permutationen enthalten, die durch die Transposition $(1, 2)$ und den Zyklus $(1, 2, \ldots, n)$ erzeugt werden.

Somit erhalten wir die folgenden Sätze:

**Satz 1.19.** *Die allgemeine lineare Gruppe läßt sich erzeugen durch:* $a_1)$ $x'_\nu = x_\nu$ *für* $\nu = 1, \ldots, n - 1$, $x_n = \delta x_n$; $a_2)$ *die Verschiebungen* $\mathfrak{U}_{\varkappa\lambda}(t)$;

*oder durch:* $b_1)$ *wie* $a_1)$; $b_2)$ *alle Transpositionen* $(\varkappa, \lambda)$; $b_3)$ *die Verschiebungen* $\mathfrak{U}_{12}(t)$;

*oder durch:* $c_1)$ *wie* $a_1)$; $c_2)$ *die Transposition* $(1, 2)$ *und den Zyklus* $(1, 2, \ldots, n)$; $c_3)$ *die Verschiebungen* $\mathfrak{U}_{12}(t)$.

**Satz 1.20.** *Die komplexe allgemeine lineare Gruppe läßt sich erzeugen durch:* $a_1)$ *die Multiplikationen* $x'_\nu = \omega x_\nu$, $\nu = 1, \ldots, n$; $a_2)$ *die Verschiebungen* $\mathfrak{U}_{\varkappa\lambda}(t)$;

*oder durch:* $b_1)$ *wie* $a_1)$; $b_2)$ *alle Transpositionen* $(\varkappa, \lambda)$; $b_3)$ *die Verschiebungen* $\mathfrak{U}_{12}(t)$;

*oder durch:* $c_1)$ *wie* $a_1)$; $c_2)$ *die Transposition* $(1, 2)$ *und den Zyklus* $(1, 2, \ldots, n)$; $c_3)$ *die Verschiebungen* $\mathfrak{U}_{12}(t)$.

In den Fällen $n = 1$ und $n = 2$ reduzieren sich die Bedingungen der beiden letzten Sätze in leicht zu übersehender Weise; z. B. entfällt bei $n = 2$ die Unterscheidung zwischen b) und c).

Diese Sätze geben uns auch die Mittel an die Hand, um notwendige und hinreichende Bedingungen für die Invarianten einer Form bei einer der oben betrachteten Gruppen $\mathfrak{G}$ aufzustellen. Ist $k$ der Grad der Form, so genügt es nämlich, daß eine Funktion $F(a)$ ihrer Koeffizienten invariant ist hinsichtlich der Substitutionen $Q_k^{s_0}$, wo $s_0$ irgendein System von Erzeugenden von $\mathfrak{G}$ durchläuft, damit $F(a)$ eine Invariante der Form hinsichtlich der Gruppe $\mathfrak{G}$ ist. Denn die $Q_k^{s_0}$ bilden ihrerseits ein System von Erzeugenden aller $Q_k^s$.

# II. Projektive Invarianten binärer Formen

## § 1. Vorbereitungen

Unter einer **binären Form** versteht man eine Form in zwei Veränderlichen. Das System der Veränderlichen bezeichnen wir hier mit $x, y$, behalten aber für die Form trotzdem die Bezeichnung $f(a, x)$ bei:

$$(44) \qquad f(a, x) = \sum_{\varkappa=0}^{k} \binom{k}{\varkappa} a_\varkappa\, x^{k-\varkappa}\, y^\varkappa.$$

Wir fassen eine Anzahl spezieller Substitutionen $s$ und die zugehörigen $x = s^{\mathsf{T}}(x')$ und $a' = Q_k^s(a)$ (vgl. I, § 4) ins Auge:

1) Multiplikationen:

$$s_1 = \begin{pmatrix} \omega & 0 \\ 0 & \omega \end{pmatrix}, \quad \text{also:} \quad x = \omega\, x', \quad y = \omega\, y'.$$

Die zugehörige Substitution $Q_k^{s_1}$ der $a_\varkappa$ ist:

$$a'_\varkappa = \omega^k\, a_\varkappa, \quad \varkappa = 0, 1, \ldots, k.$$

2)

$$s_2 = \begin{pmatrix} 1 & 0 \\ 0 & \delta \end{pmatrix}, \quad \text{also:} \quad x = x', \quad y = \delta\, y'.$$

Die $a_\varkappa$ substituieren sich so:

$$a'_\varkappa = \delta^\varkappa\, a_\varkappa, \quad \varkappa = 0, 1, \ldots, k.$$

3) Die Vertauschung:

$$s_3 = \begin{pmatrix} 0 & 1 \\ 1 & 0 \end{pmatrix}, \quad \text{also:} \quad x = y', \; y = x'.$$

Die Substitution der $a_\varkappa$ ist:

$$a'_\varkappa = a_{k-\varkappa}, \quad \varkappa = 0, 1, \ldots, k.$$

4) Die Verschiebung

$$s_4 = \begin{pmatrix} 1 & 0 \\ t & 1 \end{pmatrix}, \quad \text{also:} \quad x = x' + t\, y', \; y = y'.$$

Die zugehörige Substitution der $a_\varkappa$ ist:

$$\binom{k}{\varkappa} a'_\varkappa = \binom{k}{\varkappa} a_\varkappa + \binom{k}{\varkappa-1}\binom{k-\varkappa+1}{1} a_{\varkappa-1} t + \cdots +$$

$$+ \binom{k}{\varkappa-\lambda}\binom{k-\varkappa+\lambda}{\lambda} a_{\varkappa-\lambda} t^\lambda + \cdots + \binom{k}{\varkappa} a_0 t^\varkappa.$$

Es ist aber:

$$\binom{k}{\varkappa-\lambda}\binom{k-\varkappa+\lambda}{\lambda} = \binom{k}{\varkappa}\binom{\varkappa}{\lambda}$$

und somit:

(45)
$$a'_\varkappa = \sum_{\lambda=0}^{\varkappa} \binom{\varkappa}{\lambda} a_{\varkappa-\lambda} t^\lambda, \quad \varkappa = 0,\, 1,\, \ldots,\, k.$$

Man bestätigt leicht die Gültigkeit der Beziehung:

(45 a)
$$\frac{d a'_\varkappa}{d t} = \varkappa\, a'_{\varkappa-1}.$$

5) Die Verschiebung

$$s_5 = \begin{pmatrix} 1 & t \\ 0 & 1 \end{pmatrix}, \quad \text{also:}\quad x = x', \quad y = t\,x' + y'.$$

Für die Substitution der $a_\varkappa$ berechnet man:

(46)
$$a'_\varkappa = \sum_{\lambda=0}^{k-\varkappa} \binom{k-\varkappa}{\lambda} a_{\varkappa+\lambda} t^\lambda, \quad \varkappa = 0,\, 1,\, \ldots,\, k,$$

und es gilt die Beziehung:

(46 a)
$$\frac{d a'_\varkappa}{d t} = (k - \varkappa)\, a'_{\varkappa+1}.$$

## § 2. Kriterien für Invarianten binärer Formen

Nach den Sätzen 1.19. und 1.20. bilden die eben betrachteten speziellen Substitutionen und sogar gewisse Teilsysteme je ein System von Erzeugenden für die allgemeine lineare Gruppe $\mathfrak{L}_2$. Auf Grund der abschließenden Bemerkung von I, § 5 (S. 35) gewinnen wir also ein System von notwendigen und hinreichenden Bedingungen für eine Invariante einer binären Form, wenn wir die Invarianteneigenschaft für diese speziellen Substitutionen fordern. Wir führen dies durch nach der in § 1 gegebenen Numerierung. Nach einer Bemerkung auf S. 18f. können wir dabei den Unterschied zwischen reellen und komplexen Formen und zwischen der $\mathfrak{L}_2$ im Reellen und im Komplexen unbeachtet lassen.

1) Eine Invariante $F(a)$ muß homogen sein in bezug auf die $a$. Ist $r$ der Grad von $F(a)$, so tritt bei Ausführung der Substitution $Q_k^{s_1}$ in $F(a')$ der Faktor $\omega^{kr}$ heraus, und dieser muß die $p$-te Potenz von

$|s_1| = \omega^2$ sein, wenn $p$ das Gewicht von $F$ ist; das ist die Gewichtsregel (Satz 1.11.), die wir auch früher unter Anwendung der hier benutzten speziellen Substitutionen abgeleitet hatten:

$$k\,r = 2\,p.$$

2) Wir schreiben $F(a)$ als Summe von Potenzprodukten der $a$:

$$F(a) = \sum A\, a_0^{\lambda_0} a_1^{\lambda_1} \cdots a_k^{\lambda_k}, \qquad \lambda_0 + \lambda_1 + \cdots + \lambda_k = r.$$

Bei Ausführung der Substitution $Q_k^{s_2}$ in $F(a')$ multipliziert sich das allgemeine Glied mit:

$$\delta^{\lambda_1 + 2\lambda_2 + \cdots + k\lambda_k}.$$

Diese Faktoren müssen sämtlich gleich der $p$-ten Potenz der Determinante $|s_2| = \delta$ der Substitution $s_2$ sein; also gilt:

$$\lambda_1 + 2\lambda_2 + \cdots + k\,\lambda_k = p.$$

$\lambda_1 + 2\lambda_2 + \cdots + k\,\lambda_k$ heißt das **Gewicht** des Gliedes $A\, a_0^{\lambda_0} \cdots a_k^{\lambda_k}$, und das gewonnene Resultat drücken wir so aus: Die Glieder der Invariante müssen **isobar** vom Gewicht $p$ sein*.

3) Die Invariante muß folgende Symmetrieeigenschaft besitzen (da $|s_3| = -1$):

$$(47) \qquad F(a_k, a_{k-1}, \ldots, a_0) = (-1)^p\, F(a_0, a_1, \ldots, a_k).$$

Ist $p$ ungerade, so sagt man, die Invariante sei schiefsymmetrisch.

4) Invarianz bei einer Verschiebung $s_4$ zieht eine Differentialgleichung für $F(a)$ nach sich. Da $|s_4| = 1$, muß gelten: $F(a') = F(a)$. Die rechte Seite hängt nicht von $t$ ab, also auch die linke nicht, ihre Ableitung nach $t$ muß also verschwinden. Wenn wir $\dfrac{\partial F}{\partial a_\nu} = F_\nu$ setzen und (45a) heranziehen, so ergibt sich:

$$\sum_{\varkappa=1}^{k} \varkappa\, a'_{\varkappa-1}\, F_\varkappa(a') = 0.$$

Dies ist eine Identität in $t$. Setzen wir hier $t = 0$, so wird $a'_\varkappa = a_\varkappa$ und wir erhalten, wenn wir für die linke Seite die Abkürzung $\mathscr{D}F$ einführen:

$$(48) \qquad \mathscr{D}F = \sum_{\varkappa=1}^{k} \varkappa\, a_{\varkappa-1}\, F_\varkappa = 0.$$

Diese Bedingung ist nicht nur notwendig, sondern auch hinreichend dafür, daß $F$ für die Verschiebung $s_4$ invariant ist. Denn aus der letzten Gleichung geht die vorletzte hervor, wenn die $a$ durch die $a'$ ersetzt

---

* Es ist also zu unterscheiden: das Gewicht eines Gliedes in einer beliebigen ganzen rationalen Funktion $F(a)$ und das Gewicht einer Invariante. Ist $F(a)$ eine Invariante, so ist das Gewicht der, dann notwendig isobaren, Glieder gleich dem Gewicht der Invariante $F(a)$.

werden, und diese Gleichung war für alles Vorhergehende auch hinreichend.

5) Ganz analog gewinnen wir mit Hilfe der Verschiebung $s_5$ die Differentialgleichung:

$$(49) \qquad \triangle F = \sum_{\varkappa=0}^{k-1} (k - \varkappa)\, a_{\varkappa+1}\, F_\varkappa = 0.$$

$\mathscr{D} F = 0$ und $\triangle F = 0$ nennt man die **Cayley-Aronholdschen Differentialgleichungen.**

Nach Satz 1.19. bzw. 1.20. gilt jetzt:

**Satz 2.1.** *Eine projektive Invariante $F(a)$ einer binären Form hat die folgenden Eigenschaften: 1) Sie ist homogen. 2) Ihre Glieder sind isobar. 3) Sie besitzt die Symmetrie (47). 4) Sie genügt der Differentialgleichung $\mathscr{D} F = 0$ (s. (48)). 5) Sie genügt der Differentialgleichung $\triangle F = 0$ (s. (49)).— Hinreichend dafür, daß ein Polynom $F(a)$ eine Invariante ist, ist ein System von Bedingungen, das entweder 1) oder 2) und dazu zwei der drei Bedingungen 3), 4), 5) enthält.*

Wir dehnen das Vorhergehende auf Simultaninvarianten aus. Alles Wesentliche kommt schon zur Geltung, wenn es sich um zwei Formen handelt:

$$f(a, x) = \sum_{\varkappa=0}^{k} \binom{k}{\varkappa} a_\varkappa\, x^{k-\varkappa} y^\varkappa, \qquad g(b, x) = \sum_{\varkappa'=0}^{k'} \binom{k'}{\varkappa'} b_{\varkappa'}\, x^{k'-\varkappa'} y^{\varkappa'}.$$

Die fünf einleitend betrachteten Substitutionen ergeben nacheinander folgendes:

1) Schreiben wir die Invariante wieder als Summe von Potenzprodukten

$$(50) \qquad F(a, b) = \sum A\, a_0^{\lambda_0} a_1^{\lambda_1} \cdots a_k^{\lambda_k} b_0^{\mu_0} b_1^{\mu_1} \cdots b_{k'}^{\mu_{k'}},$$

so folgt:

$$k(\lambda_0 + \lambda_1 + \cdots + \lambda_k) + k'(\mu_0 + \mu_1 + \cdots + \mu_{k'}) = 2p.$$

Wir können zwar daraus nicht die Forderung der Homogenität ableiten, doch ist jedenfalls eigentliche Homogenität in den $a$ und $b$ mit bzw. dem Grad $r$ und $r'$ hinreichend, diese Gleichung zu erfüllen, wenn $r$ und $r'$ der Bedingung genügen:

$$k\, r + k'\, r' = 2p.$$

Das ist die Gewichtsregel. Nach dem S. 12 Bemerkten ist die Beschränkung auf eigentlich homogene Funktionen keine wesentliche.

2) Es muß gelten:

$$\lambda_1 + 2\lambda_2 + \cdots + k\, \lambda_k + \mu_1 + 2\mu_2 + \cdots + k'\, \mu_{k'} = p.$$

Die Glieder müssen also isobar, aber nicht „eigentlich isobar" (d. h. isobar in bezug auf die $a$ allein und die $b$ allein) sein.

3) Es ergibt sich die Symmetriebedingung:

$$(51) \quad F(a_k, \ldots, a_0; b_{k'}, \ldots, b_0) = (-1)^p \, F(a_0, \ldots, a_k; b_0, \ldots, b_{k'}).$$

4) Man erhält die Differentialgleichung:

$$(52) \quad \mathscr{D} F = \mathscr{D}^a F + \mathscr{D}^b F = 0,$$

oder ausführlicher geschrieben:

$$(52a) \quad \sum_{\varkappa=1}^{k} \varkappa \, a_{\varkappa-1} F^a_\varkappa + \sum_{\varkappa'=1}^{k'} \varkappa' \, b_{\varkappa'-1} F^b_{\varkappa'} = 0.$$

Der obere Index deutet dabei die Differentiation nach einer Variablen der Reihe der $a$ bzw. der $b$ an.

5) Man erhält die Differentialgleichung

$$(53) \quad \triangle F = \triangle^a F + \triangle^b F = 0,$$

oder ausführlicher geschrieben:

$$(53a) \quad \sum_{\varkappa=0}^{k-1} (k - \varkappa) \, a_{\varkappa+1} F^a_\varkappa + \sum_{\varkappa'=0}^{k'-1} (k' - \varkappa') \, b_{\varkappa'+1} F^b_{\varkappa'} = 0.$$

Entsprechend Satz 2.1. erhalten wir hier:

**Satz 2.2.** *Ist die eigentlich homogene ganze rationale Funktion $F(a, b, \ldots)$ der Koeffizienten von mehreren binären Formen eine projektive Simultaninvariante, so besitzt sie folgende Eigenschaften: 1) Ihre Glieder sind isobar. 2) Sie besitzt die Symmetrieeigenschaft (51). 3) Sie genügt der Differentialgleichung $\mathscr{D} F = 0$ (s. (52)). 4) Sie genügt der Differentialgleichung $\triangle F = 0$ (s. (53)).— Hinreichend dafür, daß $F$ eine Invariante ist, sind irgend zwei der drei Bedingungen 2), 3) und 4).*

## § 3. Anwendungen

Es liege ein System von binären Formen $f(a, x), g(b, x), \ldots$ und eine zugehörige eigentlich homogene Simultaninvariante mit den Graden $r, r', \ldots$ vor. Dann gilt:

**Satz 2.3.** *Hängt eine projektive Simultaninvariante eines Systems binärer Formen nicht ab von einem Koeffizienten einer Form des zugrunde gelegten Systems, so ist sie unabhängig von sämtlichen Koeffizienten dieser Form.*

Oder: *Wenn die einzelnen Grade $r, r', \ldots$ positiv sind, so hängt die Invariante von sämtlichen Koeffizienten jeder Form des zugrunde gelegten Systems ab.*

*Beweis:* $F$ hänge nicht ab von $a_\varkappa$, also ist $F^a_\varkappa = 0$. Dann kommt in $\mathscr{D} F = 0$ (s. (52a)) nirgends mehr $a_\varkappa$ vor, außer (falls $\varkappa < k$) in $(\varkappa + 1) \, a_\varkappa F^a_{\varkappa+1}$. Damit $\mathscr{D} F = 0$ erfüllt ist, muß also $F^a_{\varkappa+1} = 0$ sein, d. h., $F$ hängt auch nicht von $a_{\varkappa+1}$ ab, also auch nicht von $a_{\varkappa+2}$ usw. bis $a_k$.

Wegen der Symmetrieeigenschaft hängt $F$ dann auch nicht von $a_0$ ab, und dann schließt man wie vorhin, daß es nicht abhängt von $a_1, a_2, \ldots$.

**Satz 2.4.** *Liegt eine einzige binäre Form zugrunde, so gibt es keine linearen projektiven Invarianten.*

*Beweis:* Eine lineare Invariante würde so aussehen:

$$A_0\, a_0 + A_1\, a_1 + \cdots + A_k\, a_k,$$

wo nach dem vorigen Satz alle $A_\varkappa \neq 0$ sind. Diese Funktion genügt aber nicht der Bedingung 2) von Satz 2.1., denn die Gewichte der Glieder sind bzw. $0, 1, \ldots, k$.

**Satz 2.5.** *Zu einer binären Form gibt es eine quadratische projektive Invariante nur, wenn der Grad der Form gerade ist, und in diesem Falle nur die folgende:*

$$(54) \qquad \sum_{\varkappa=0}^{k} (-1)^\varkappa \binom{k}{\varkappa} a_\varkappa\, a_{k-\varkappa}.$$

*Beweis:* Eine quadratische Invariante der Form $f(a, x)$ ist eine Invariante 1. Stufe 2. Grades bei den Substitutionen $Q_k^s$, wenn $s$ die allgemeine lineare Gruppe $\mathfrak{L}_2$ durchläuft. Wir erhalten alle diese Invarianten aus den zu derselben Gruppe der $Q_k^s$ gehörigen Simultaninvarianten 2. Stufe 1. Grades, das sind Simultaninvarianten der Formen $f(a, x)$ und $f(b, x)$, indem wir die beiden Veränderlichenreihen $a$ und $b$ identifizieren (vgl. S. 13). Satz 2.5. ist daher im folgenden Satz enthalten:

**Satz 2.6.** *Zu zwei binären Formen $f(a, x)$, $g(b, x)$ mit den Graden $k$ bzw. $k'$ gibt es dann und nur dann bilineare projektive Simultaninvarianten, wenn $k = k'$, und in diesem Falle nur die einzige:*

$$(55) \qquad \sum_{\varkappa=0}^{k} (-1)^\varkappa \binom{k}{\varkappa} a_\varkappa\, b_{k-\varkappa}.$$

Ist $k' = k$, so kann, da $f$ und $g$ allgemeine Formen sind, $g(b, x) = f(b, x)$ gesetzt werden. Ist nun Satz 2.6. bewiesen, so liefert die Identifizierung der Koeffizientensysteme $a$ und $b$ bei ungeradem $k$ aus (55) identisch Null, bei geradem $k$ die Invariante (54), womit der Beweis von Satz 2.5. auf den von Satz 2.6. zurückgeführt ist.

Die in Satz 2.6. genannte Invariante (55) heißt die **apolare Bildung** oder **Apolare** $A(f, g)$ zu $f$ und $g$.

*Beweis* von Satz 2.6.: Nach der Gewichtsregel (Satz 1.11.) gilt für eine bilineare Invariante $k + k' = 2p$. Nach Satz 2.3. kommen alle $a$ und $b$ vor, insbesondere z. B. die Glieder $a_k\, b_\beta$ und $a_\alpha\, b_{k'}$ mit passenden Werten $\beta$ und $\alpha$. Ihre Gewichte (S. 38) sind $k+\beta = k'+\alpha = p = \tfrac{1}{2}(k+k')$, was nur im Falle $k = k'$ möglich ist. Sämtliche Glieder der Invariante müssen von der Form $a_\alpha\, b_{k-\alpha}$ sein, damit sie isobar vom Gewicht $k = p$ sind. Also sieht unsere Invariante so aus:

$$(56) \qquad F = \sum_{\varkappa=0}^{k} C_\varkappa\, a_\varkappa\, b_{k-\varkappa}.$$

Zur Bestimmung der $C$ ziehen wir die Gleichung $\mathscr{D} F = 0$ heran, (52a). Setzen wir dort ein, so bekommen wir:

$$\sum_{\varkappa=1}^{k} \varkappa\, a_{\varkappa-1}\, C_\varkappa\, b_{k-\varkappa} + \sum_{\varkappa=1}^{k} \varkappa\, b_{\varkappa-1}\, C_{k-\varkappa}\, a_{k-\varkappa} = 0.$$

Diese Gleichung soll identisch in den $a$ und $b$ gelten, d. h., jeder Koeffizient eines Gliedes $a_{\varkappa-1}\, b_{k-\varkappa}$ muß verschwinden:

$$\varkappa\, C_\varkappa + (k - \varkappa + 1)\, C_{\varkappa-1} = 0, \qquad \varkappa = 1, 2, \ldots, k.$$

Das ist eine Rekursionsformel zur Berechnung der $C_\varkappa$. Wählt man willkürlich $C_0 = 1$, so erhält man:

$$C_1 = -\binom{k}{1}, \quad C_2 = \binom{k}{2}, \quad \ldots, \quad C_\varkappa = (-1)^\varkappa \binom{k}{\varkappa}, \quad \ldots, \quad C_k = (-1)^k,$$

und aus (56) wird die apolare Bildung (55), die sonach als die einzig mögliche bilineare Simultaninvariante nachgewiesen ist. Da sie den Bedingungen 2) und 3) von Satz 2.2. genügt, so ist sie tatsächlich eine Simultaninvariante.

**Satz 2.7.** *Für eine binäre Form $f(a, x)$ gibt es genau dann projektive Invarianten 4. Grades, wenn der Grad $k$ der Form größer als 1 ist.*

*Beweis:* Im Falle $k = 1$ ist die Substitution der $a$ die kontragrediente zu der der Variablen, durchläuft also mit dieser die Gruppe $\mathfrak{L}_n$. Daher gibt es nach Satz 1.3. keine Invarianten, außer Konstanten.

Um im Falle $k > 1$ eine Invariante 4. Grades zu bilden, machen wir Gebrauch von Satz 1.16. Danach ist speziell eine eigentlich homogene Invariante von Kovarianten eines gewissen Formensystems auch eine Invariante dieses Systems. Denn eine Invariante ist ja eine Kovariante mit der Ordnung 0. $f^2$ ist eine Kovariante 2. Grades von $f$. Nun bilden wir die Apolare $A(f^2, f^2)$. Sie ist eine Invariante 4. Grades von $f$, falls sie nicht identisch verschwindet. Daß dies nicht zutrifft, braucht nur für einen speziellen Fall gezeigt zu werden. Wir wählen $f = x^k + y^k$. Dann ist:

$$f^2 = x^{2k} + 2x^k y^k + y^{2k}.$$

Hier ist also:

$$a_0 = 1, \quad a_k = 2\binom{2k}{k}^{-1}, \quad a_{2k} = 1, \quad a_\varkappa = 0 \quad \text{für} \quad \varkappa \neq 0,\, k,\, 2k;$$

die apolare Bildung wird:

$$a_0 a_{2k} + (-1)^k \binom{2k}{k} a_k^2 + a_{2k} a_0 = 2\left(1 + (-1)^k 2\binom{2k}{k}^{-1}\right),$$

und dieser Ausdruck hat nur für $k = 1$ den Wert 0.

Nach demselben Prinzip können wir auf anderem Wege eine Invariante 4. Grades bilden: Die Hessesche Kovariante wird im Falle $n=2$:

$$H = \begin{vmatrix} f_{xx} & f_{xy} \\ f_{yx} & f_{yy} \end{vmatrix}.$$

Sie ist für $k \geq 2$ vom Grade 2 in den $a$. Die zugehörige Apolare $A(H, H)$ ist also vom 4. Grade. Daß sie nicht identisch verschwindet, zeigt man wieder mit $f = x^k + y^k$. Hier wird $H = k^2(k-1)^2 (xy)^{k-2}$. Dies ist eine Form vom Grade $2(k-2)$, deren sämtliche Koeffizienten verschwinden, ausgenommen $a_{k-2}$ (wegen $k \geq 2$). Die Apolare ist dann:

$$A(H, H) = (-1)^{k-2} \binom{2(k-2)}{k-2} a_{k-2}^2 \neq 0.$$

Im Falle $k = 3$, also:

$$(57) \qquad f(x, y) = a_0 x^3 + 3 a_1 x^2 y + 3 a_2 x y^2 + a_3 y^3,$$

findet man:

$$H = 36((a_0 x + a_1 y)(a_2 x + a_3 y) - (a_1 x + a_2 y)^2)$$

$$= 18\left(2(a_0 a_2 - a_1^2) x^2 + \binom{2}{1}(a_0 a_3 - a_1 a_2) x y + 2(a_1 a_3 - a_2^2) y^2\right).$$

Daraus ergibt sich $A(H, H)$ zu:

$$(58) \qquad A(H, H) = 2 \cdot 18^2 \big(4(a_0 a_2 - a_1^2)(a_1 a_3 - a_2^2) - (a_0 a_3 - a_1 a_2)^2\big) = 24 D.$$

Die so definierte Invariante $D$ wird sich in § 4 als die Diskriminante der kubischen Form (57) herausstellen.

Im Falle $k = 4$ kann man auch $A(H, f)$ bilden, da jetzt $H$ und $f$ vom gleichen Grade sind (vgl. Satz 2.6.). Man erhält für $H$:

$$H = 12^2 \begin{vmatrix} a_0 x^2 + 2 a_1 x y + a_2 y^2 & a_1 x^2 + 2 a_2 x y + a_3 y^2 \\ a_1 x^2 + 2 a_2 x y + a_3 y^2 & a_2 x^2 + 2 a_3 x y + a_4 y^2 \end{vmatrix}.$$

Rechnet man diese Determinante aus, so erhält man eine Form 4. Grades

$$c_0 x^4 + 4 c_1 x^3 y + 6 c_2 x^2 y^2 + 4 c_3 x y^3 + c_4 y^4$$

mit

$$c_0 = 12^2 (a_0 a_2 - a_1^2), \qquad c_1 = \frac{1}{4} 12^2 (2 a_0 a_3 - 2 a_1 a_2),$$

$$c_2 = \frac{1}{6} 12^2 (a_0 a_4 + 2 a_1 a_3 - 3 a_2^2),$$

$$c_3 = \frac{1}{4} 12^2 (2 a_1 a_4 - 2 a_2 a_3), \qquad c_4 = 12^2 (a_2 a_4 - a_3^2).$$

Dann wird $A(H, f)$:

$$A(H, f) = 12^2\big(a_4(a_0\, a_2 - a_1^2) - 2a_3(a_0\, a_3 - a_1\, a_2) +$$

$$+ a_2(a_0\, a_4 + 2a_1\, a_3 - 3a_2^2) - 2a_1(a_1\, a_4 - a_2\, a_3) + a_0(a_2\, a_4 - a_3^2)\big).$$

Dies ist abgesehen von dem Faktor $3 \cdot 12^2$ die **Hankelsche Determinante** der Koeffizientenreihe:

$$Q = \begin{vmatrix} a_0 & a_1 & a_2 \\ a_1 & a_2 & a_3 \\ a_2 & a_3 & a_4 \end{vmatrix}.$$

Man erkennt das, wenn man die Summe der Entwicklungen von $Q$ nach jeder der drei Zeilen bildet.

Damit haben wir für $k = 4$ eine Invariante 3. Grades gefunden.

Um das Invariantenproblem einer binären Form für die Grade $k = 2$, $k = 3$, $k = 4$ vollständig erledigen zu können, benötigen wir noch den

**Hilfssatz.** *Ist* $F(a) = a_\nu^h\, G + a_\nu^{h-1}\, G^* + \cdots$ *eine Invariante einer binären Form, nach fallenden Potenzen von* $a_\nu$ *geordnet, so hängt* $G$ *nicht ab von* $a_{\nu-1}$ *und* $a_{\nu+1}$. *Insbesondere* $(\nu = 1)$ *gibt es Glieder, die nicht von* $a_0$ *abhängen.*

*Beweis:* Fassen wir bei $\nu < k$ in der Differentialgleichung $\mathscr{D}F = 0$ (s. (48)) speziell das Glied $(\nu + 1)\, a_\nu\, F_{\nu+1}$ ins Auge, und setzen für $F$ obigen Ausdruck ein, so finden wir ein Glied

$$(\nu + 1)\, a_\nu^{h+1}\, G_{\nu+1}.$$

Das ist aber das einzige Glied in $\mathscr{D}F = 0$, das in $a_\nu$ vom Grade $h + 1$ ist. Somit muß $G_{\nu+1} = 0$ sein, d. h., $G$ hängt nicht von $a_{\nu+1}$ ab. Die Unabhängigkeit von $a_{\nu-1}$ folgt ganz ebenso aus $\triangle F = 0$.

Der Fall $k = 2$ war durch Satz 1.9. für eine Form in beliebig vielen Veränderlichen vollständig erledigt worden. Wir wollen hier nochmals auf anderem Wege für den speziellen Fall der binären quadratischen Form zeigen, daß jede Invariante $F(a)$ bis auf einen konstanten Faktor eine Potenz der Determinante $d = a_0\, a_2 - a_1^2$ ist; $d$ ist bis auf den Faktor $-4$ die Diskriminante der quadratischen Form (vgl. S. 50): $D = -4d$. Nach der Gewichtsregel ist $r = p$. Ist $G\, a_0^h$ das Glied höchsten Grades in bezug auf $a_0$ in $F$, so besagt der Hilfssatz, daß $G$ unabhängig von $a_1$, somit eine Potenz von $a_2$ ist. Das Glied $a_0^h\, a_2^{h'}$ ist vom Gewicht:

$$0\, h + 2h' = p = r = h + h'.$$

Daraus folgt $h = h'$, und somit ist $p$ gerade: $p = 2h$. Der Koeffizient des Gliedes höchster Potenz in $a_1$ kann weder von $a_2$ noch von $a_0$ abhängen, somit ist dieses Glied:

$$c\,a_1^r = c\,a_1^{2h}$$

mit $c \neq 0$, da nach Satz 2.3. $a_1$ nicht fehlen darf.

Bilden wir jetzt:

$$F^* = F - c\,(-1)^h\,d^h\,,$$

so ist dies identisch 0 oder eine Invariante, denn $F$ und $d^h$ sind vom selben Gewicht und gehören somit zum selben Faktorensystem (vgl. S. 9). Wir zeigen, daß $F^*$ identisch verschwindet. Andernfalls wäre $F^*$ nämlich vom Grade und Gewicht $2h$, enthielte aber kein Glied $a_1^{2h}$, also überhaupt kein Glied mit $a_1$. Nach Satz 2.3. ist somit $F^*$ konstant, also vom Grade 0 oder identisch 0. Die erste Annahme besagt: $h = 0$, $F = $ const und damit: $F^* \equiv 0$. Also ist $F^* \equiv 0$, $F = c\,(-d)^h$.

Wir zeigen, daß auch im Falle $k = 3$ die in (58) aufgestellte Invariante $d = -\dfrac{D}{27} = -\dfrac{A\,(H,\,H)}{2 \cdot 18^2}$ eine Basis des Systems bildet. Hier lautet die Gewichtsregel: $3r = 2p$. Ist $I\,(a)$ eine beliebige Invariante, so hat das Glied höchster Potenz in $a_1$ die Form: $c\,a_1^h\,a_3^{h'}$ und es gilt:

$$3\,(h + h') = 3r = 2p = 2\,(h + 3h'), \quad \text{also:} \quad h = 3h'.$$

In jeder Invariante tritt somit ein Glied $c\,(a_1^3\,a_3)^{h'}$ auf. In $d$ lautet dieses Glied $4\,a_1^3\,a_3$; $F^* = F - c\left(\dfrac{d}{4}\right)^{h'}$ enthält dann kein solches Glied und ist, wo nicht identisch 0, wieder eine Invariante, da $F$ und $d^{h'}$ vom gleichen Grad und damit vom gleichen Gewicht sind. Nach derselben Schlußweise wie im Falle $k = 2$ verschwindet $F^*$ identisch; damit folgt

$$F = c\left(\frac{d}{4}\right)^{h'}.$$

Wenn wir das Resultat aus § 4, wonach $D = -27d$ die Diskriminante der kubischen Form ist (s. S. 50f.), vorwegnehmen, so haben wir also bewiesen:

**Satz 2.8.** *Für binäre Formen 2. und 3. Grades ist die Diskriminante eine Basis des projektiven Invariantensystems.*

Im Falle $k = 4$ kennen wir schon zwei Invarianten, nämlich:

1) Eine quadratische, die Apolare $A\,(f,\,f) = 2P$ (Satz 2.5.):

$$(59) \qquad P = a_0\,a_4 - 4a_1\,a_3 + 3\,a_2^2.$$

2) Eine Invariante 3. Grades, nämlich die Hankelsche Determinante der Koeffizientenreihe (S. 44):

$$(60) \qquad Q = \begin{vmatrix} a_0 & a_1 & a_2 \\ a_1 & a_2 & a_3 \\ a_2 & a_3 & a_4 \end{vmatrix} = a_0\,a_2\,a_4 - a_0\,a_3^2 - a_1^2\,a_4 + 2a_1\,a_2\,a_3 - a_2^3.$$

Wir zeigen, daß $P$ und $Q$ eine Basis bilden. $F$ sei eine Invariante; nach fallenden Potenzen von $a_1$ geordnet laute sie:

$$F = a_1^h\, G + \cdots,$$

wobei nach dem Hilfssatz

$$G = \sum A_{\alpha\beta}\, a_3^\alpha\, a_4^\beta.$$

Nach der Gewichtsregel ist $p = 2r$. Wendet man diese Gleichung auf das Glied $A_{\alpha\beta}\, a_1^h\, a_3^\alpha\, a_4^\beta$ an, so ergibt sich:

$$h + 3\alpha + 4\beta = p = 2r = 2h + 2\alpha + 2\beta$$

oder

$$h = \alpha + 2\beta.$$

Somit sind die Glieder höchsten Grades in $a_1$ von der Gestalt

$$A_{\alpha\beta}\,(a_1\, a_3)^\alpha\,(a_1^2\, a_4)^\beta, \quad \text{wobei} \quad 2\alpha + 3\beta = r.$$

Bildet man jetzt

$$F^* = F - \sum A_{\alpha\beta}\left(-\frac{P}{4}\right)^\alpha (-Q)^\beta,$$

so heben sich die Glieder mit $a_1^h$ gerade heraus. Dann ist $F^*$ entweder identisch 0 oder eine Invariante, die in $a_1$ von niedrigerem Grad als $F$ ist. Indem man dasselbe Verfahren auf $F^*$ anwendet, kann man den Grad in bezug auf $a_1$ weiter reduzieren und kommt nach endlich vielen Schritten auf einen Ausdruck, der nach denselben Überlegungen wie in den Fällen $k = 2$ und $k = 3$ identisch 0 ist.

Man sieht, daß sich eine beliebige Invariante nur auf eine Weise mittels $P$ und $Q$ ausdrücken läßt; denn das angegebene Verfahren ist völlig bestimmt. Das besagt, daß zwischen $P$ und $Q$ keine Syzygie besteht (S. 9). Wäre nämlich $S(P, Q) = 0$ eine solche, wo $S$ eine ganze rationale Funktion bedeutet, und ist die Invariante $F$ mittels $F = R(P, Q)$ dargestellt, so wäre sie es auch durch $F = R(P, Q) + S(P, Q)$. Daß zwischen $P$ und $Q$ keine Syzygie besteht, sieht man auch, wenn man $a_0 = a_3 = 0$ setzt. Dann ist $P = 3\,a_2^2$, $Q = -a_1^2\, a_4 - a_2^3$, und diese Ausdrücke sind sicher voneinander unabhängig.

Es gilt also:

**Satz 2.9.** *Für eine binäre Form 4. Grades bilden die beiden voneinander unabhängigen Invarianten $P$ und $Q$ (s. (59) u. (60)) eine Basis des projektiven Invariantensystems.*

$P$ und $Q$ sind die in der Weierstraßschen Theorie der elliptischen Funktionen mit $g_2$ und $g_3$ bezeichneten Größen.

Mit Hilfe der Apolaren können wir beliebig viele Invarianten bilden:

$$I = A\,(f^\nu,\, f^\nu).$$

Dies ist, falls nicht identisch 0, eine Invariante vom Grade $2\nu$. Man kann sich die Frage vorlegen: Wie drückt sich $A\,(f'', f'')$ für $k = 4$ durch $P$ und $Q$ aus? Es ist also das $R$ der Gleichung

$$A\,(f^\nu, f^\nu) = R\,(P, Q)$$

zu bestimmen. Für $\nu = 2$ ist dies sehr einfach: Sei

$$A\,(f^2, f^2) = \sum c_{\alpha\beta}\, P^\alpha\, Q^\beta,$$

so zeigt der Vergleich der Grade rechts und links: $4 = 2\alpha + 3\beta$, also: $\alpha = 2$, $\beta = 0$. Somit ist:

$$A\,(f^2, f^2) = c\, P^2.$$

## § 4. Die Invarianten als Funktionen der Gleichungswurzeln

Jeder binären Form

$$f\,(a, x) = a_0\, x^k + \binom{k}{1} a_1\, x^{k-1} y + \cdots + a_k\, y^k$$

ist eine Gleichung

$$a_0\, x^k + \binom{k}{1} a_1\, x^{k-1} + \cdots + a_k = 0$$

zugeordnet. Sind $x_\varkappa, \varkappa = 1, \ldots, k$ ihre Wurzeln, so ist

$$(61) \qquad f\,(a, x) = a_0 \prod_{\varkappa=1}^{k} (x - x_\varkappa y)$$

und daher:

$$(62) \quad -\binom{k}{1} \frac{a_1}{a_0} = \sum_{\varkappa=1}^{k} x_\varkappa, \quad \binom{k}{2} \frac{a_2}{a_0} = \sum_{\varkappa<\lambda} x_\varkappa x_\lambda, \quad \ldots, \quad (-1)^k \frac{a_k}{a_0} = x_1 x_2 \cdots x_k.$$

Sind umgekehrt $a_0 \neq 0, x_1, \ldots, x_k$ beliebige Zahlen, so gehört zu ihnen vermöge (61) oder (62) eine binäre Form $k$-ten Grades.

Die Koeffizienten $a_1, \ldots, a_k$ unserer Form sind also Funktionen von $a_0$ und den Wurzeln der zugehörigen Gleichung, die wir nun als unabhängige Veränderliche ansehen.

Wir fragen: Wie drücken sich die Invarianten der Form durch $a_0$ und die $x_\varkappa$ aus? Es sei $F\,(a)$ eine Invariante vom Grade $r$ und vom Gewicht $p$. Wir dividieren durch $a_0^r$ und bekommen mit Rücksicht auf die Homogenität von $F$:

$$(63) \qquad F\,(a) = a_0^r\, F\left(1, \frac{a_1}{a_0}, \frac{a_2}{a_0}, \ldots, \frac{a_k}{a_0}\right).$$

Ersetzen wir die $\dfrac{a_1}{a_0}, \dfrac{a_2}{a_0}, \ldots$ gemäß (62) durch die $x_\varkappa$, so erhalten wir die Invariante, abgesehen von dem Faktor $a_0^r$, als symmetrische Funktion der Gleichungswurzeln:

$$(63\,\mathrm{a}) \qquad F\,(a) = a_0^r\, \Phi\,(x_1, x_2, \ldots, x_k).$$

$\Phi(x_1, \ldots, x_k)$ kann nicht identisch verschwinden, denn das würde eine Abhängigkeit der elementarsymmetrischen Funktionen (62) bedeuten.

$F(a)$ ist homogen vom Grade $r$ in $a_0, a_1, \ldots, a_k$ und enthält nach dem Hilfssatz S. 44 mindestens ein von $a_0$ freies Glied; daher ist $F\left(1, \dfrac{a_1}{a_0}, \ldots, \dfrac{a_k}{a_0}\right)$ genau vom Grade $r$ in $\dfrac{a_1}{a_0}, \ldots, \dfrac{a_k}{a_0}$, und diese sind nach (62) je vom 1. Grad in jedem einzelnen $x_\varkappa$. Daher ist auch $\Phi$ in jedem $x_\varkappa$ vom Grade $r$.

Die in § 1 dieses Abschnitts genannten speziellen Substitutionen ermöglichen es uns wieder, notwendige und hinreichende Bedingungen für eine Funktion $\Phi$ der Gleichungswurzeln aufzustellen, damit sie, mit $a_0^r$ multipliziert, eine Invariante ergibt.

1) Multiplikation $s_1$:

$$x = \omega\, x', \qquad y = \omega\, y',$$

ergibt durch Einsetzen in (61):

$$a_0 \prod_{\varkappa=1}^{k} (x - x_\varkappa y) = a_0\, \omega^k \prod_{\varkappa=1}^{k} (x' - x_\varkappa y'),$$

und die Gleichung $f(a, x) = f(a', x')$ besagt nun: Irgendein $a'_\varkappa$ drückt sich durch die $x_\varkappa$ und durch $\omega^k a_0$ genau ebenso aus, wie $a_\varkappa$ durch die $x_\varkappa$ und durch $a_0$. Die Invarianteneigenschaft von $F$ bedeutet also für $\Phi$ (da $|s_1| = \omega^2$):

$$\omega^{kr}\, a_0^r\, \Phi(x_1, \ldots, x_k) = \omega^{2p}\, a_0^r\, \Phi(x_1, \ldots, x_k).$$

Es folgt:

$$k\,r = 2p.$$

Das ist die Gewichtsregel, die jetzt besagt: Ist $\Phi$ eine symmetrische Funktion der Gleichungswurzeln, die den noch aufzustellenden Bedingungen genügt, und ist sie in bezug auf jedes $x_\varkappa$ vom Grade $r$, so führt sie auf eine Invariante vom Gewicht $p = \dfrac{k\,r}{2}$. Eine Beschränkung für $\Phi$ ergibt sich aber aus der hier zugrunde gelegten Substitution $s_1$ nicht, da die Homogenität von $F$, die wir früher (vgl. S. 37) mittels der Substitutionen $s_1$ erschlossen hatten, nachträglich durch Multiplikation mit $a_0^r$ erzwungen wird.

2) Führen wir in (61) die Substitution $s_2$ aus:

$$x = x', \qquad y = \delta\, y',$$

so folgt:

$$a_0\, \Pi(x - x_\varkappa y) = a_0\, \Pi(x' - \delta\, x_\varkappa y'),$$

d. h., irgendein $a'_\varkappa$ drückt sich in den $\delta x_\varkappa$ und $a_0$ genauso aus, wie das entsprechende $a_\varkappa$ in $x_\varkappa$ und $a_0$. Die Invarianteneigenschaft von $F$ besagt also hier für $\Phi$: Ersetzt man die $x_\varkappa$ durch $\delta x_\varkappa$, so multipliziert sich $\Phi$

mit der $p$-ten Potenz der Substitutionsdeterminante $|s_2| = \delta$. Daraus geht hervor, daß $\Phi$ in bezug auf die $x_\varkappa$ homogen vom Grade $p$ sein muß*.

3) Führen wir in (61) die Verschiebung $s_4$ aus:

$$x = x' + t\,y', \quad y = y',$$

so folgt:

$$a_0\,\Pi\,(x - x_\varkappa\,y) = a_0\,\Pi\,(x' - (x_\varkappa - t)\,y'),$$

d. h., $a'_\varkappa$ ist in $a_0$ und $x_\varkappa - t$ derselbe Ausdruck, wie $a_\varkappa$ in $a_0$ und $x_\varkappa$. Die Invarianteneigenschaft von $F$ besagt also für $\Phi$:

$$(64) \qquad \Phi\,(x_1 - t,\, x_2 - t,\, \ldots,\, x_k - t) = \Phi\,(x_1,\, x_2,\, \ldots,\, x_k).$$

Da die rechte Seite nicht von $t$ abhängt, so muß dasselbe von der linken Seite gelten, d. h., die Ableitung der linken Seite nach $t$ muß verschwinden:

$$\sum_{\varkappa=1}^{k} \left( \frac{\partial \Phi}{\partial x_\varkappa} \right)' = 0,$$

wobei der Strich bedeutet, daß die Ausdrücke in $x'_\varkappa = x_\varkappa - t$ gemeint sind. Diese Gleichung gilt auch für $t = 0$, also für $x'_\varkappa = x_\varkappa$:

$$\sum_{\varkappa=1}^{k} \frac{\partial \Phi}{\partial x_\varkappa} = 0,$$

Setzt man nun:

$$\xi_1 = x_1, \quad \xi_2 = x_2 - x_1, \quad \ldots, \quad \xi_k = x_k - x_1,$$

also

$$x_1 = \xi_1, \quad x_2 = \xi_2 + \xi_1, \quad \ldots, \quad x_k = \xi_k + \xi_1,$$

so ist:

$$\frac{\partial \Phi}{\partial \xi_1} = \sum_{\varkappa=1}^{k} \frac{\partial \Phi}{\partial x_\varkappa} = 0,$$

d. h., $\Phi$ hängt nur ab von $\xi_2, \ldots, \xi_k$, also nur von den Differenzen je zweier der $x_\varkappa$. Umgekehrt gilt in diesem Falle stets (64).

4) Wir führen in (61) die Vertauschung $s_3$ aus:

$$x = y', \quad y = x',$$

und finden:

$$a_0\,\Pi\,(x - x_\varkappa\,y) = a_0\,\Pi\,(y' - x_\varkappa\,x') = a_0\,(-1)^k\,x_1\,x_2 \cdots x_k\,\Pi\left(x' - \frac{y'}{x_\varkappa}\right),$$

d. h., $a'_\varkappa$ drückt sich in $(-1)^k\,a_0\,x_1\,x_2 \cdots x_k$ und in den $\frac{1}{x_\varkappa}$ ebenso aus, wie $a_\varkappa$ in $a_0$ und in den $x_\varkappa$. Aus der Invarianteneigenschaft von $F$ folgt für $\Phi$ (da $|s_3| = -1$):

$$(-1)^{kr}\,a_0^r\,(x_1\,x_2 \cdots x_k)^r\,\Phi\left(\frac{1}{x_1},\, \ldots,\, \frac{1}{x_k}\right) = (-1)^p\,a_0^r\,\Phi\,(x_1,\, \ldots,\, x_k),$$

---

* Hieraus folgt $p \geqq r$ und mit der Gewichtsregel: $k \geqq 2$ (falls $r \neq 0$). Für $k = 1$, d. h. für eine lineare Form, gibt es ja nach S. 20 und S. 7 keine nicht-konstanten Invarianten.

oder wegen $k\,r = 2p$:

$$(65) \qquad (x_1\,x_2 \cdots x_k)^r \; \Phi\left(\frac{1}{x_1}, \ldots, \frac{1}{x_k}\right) = (-1)^p \; \Phi(x_1, \ldots, x_k).$$

Man nennt die hierin ausgesprochene Eigenschaft von $\Phi$ die Reziprozitätseigenschaft.

Wir haben also das Ergebnis:

**Satz 2.10.** *Eine in $x_1, \ldots, x_k$ symmetrische Funktion $a_0^r \, \Phi(x_1, \ldots, x_k)$, die eine projektive Invariante der Form $a_0^r \prod\limits_{\varkappa=1}^{k} (x - x_\varkappa\,y)$ darstellt, besitzt folgende Eigenschaften: 1) $\Phi$ ist vom Grade $r$ in jeder einzelnen Variablen, 2) $\Phi$ ist homogen vom Grade $p = \dfrac{k\,r}{2}$, 3) $\Phi$ hängt nur von den Differenzen $x_\varkappa - x_\lambda$ ab, 4) $\Phi$ besitzt die Reziprozitätseigenschaft (65). — Hinreichend für die Invarianteneigenschaft von $a_0^r\Phi$ ist das Bestehen von 1), 3) und 4) oder von 2), 3) und 4).*

Die letzte Aussage folgt daraus, daß nach Satz 1.20. bzw. 1.19. die jeweils verwendeten Substitutionen ein erzeugendes System für $\mathfrak{L}_2$ bilden.

**Anwendungen:**

1) Der Ausdruck

$$\Phi = \prod\limits_{\substack{\varkappa < \lambda \\ 1}}^{k} (x_\varkappa - x_\lambda)^2 \qquad (k \geqq 2)$$

besitzt die geforderten Eigenschaften mit $r = 2(k - 1)$, $p = k(k - 1)$. Daß ihm die drei ersten zukommen, ist ohne weiteres ersichtlich. Schließlich ist

$$\Phi\left(\frac{1}{x_1}, \ldots, \frac{1}{x_k}\right) = \prod\limits_{\varkappa < \lambda} \left(\frac{1}{x_\varkappa} - \frac{1}{x_\lambda}\right)^2 = \prod\limits_{\varkappa < \lambda} \frac{(x_\varkappa - x_\lambda)^2}{(x_\varkappa\,x_\lambda)^2}.$$

Der Nenner des letzten Ausdrucks ist:

$$(x_1\,x_2 \cdots x_k)^{2k-2},$$

und da $2k - 2 = r$ und $p$ gerade ist, so folgt (65), also die Eigenschaft 4). Somit ist

$$D = a_0^{2k-2} \prod\limits_{\varkappa < \lambda} (x_\varkappa - x_\lambda)^2$$

eine Invariante der binären Form $k$-ten Grades. Das ist die **Diskriminante** dieser Form.

2) *Die Diskriminante für $k = 3$:* Nach Satz 2.8. lassen sich sämtliche Invarianten der Form $f(a, x)$ mit $k = 3$ darstellen als $c\,D^\varkappa$, wo $D$ die in (58) angegebene Invariante bedeutet. Welche unter diesen Invarianten ist die Diskriminante? Da diese, ebenso wie $D$, in den $a$ vom Grade 4 ist, so ist $\alpha = 1$. Wir bestimmen $c$, indem wir $D$ und die Diskriminante für

eine spezielle Form 3. Grades berechnen, etwa für

$$f(a, x) = x^3 - 3 x y^2.$$

Hier ist: $\quad a_0 = 1, \quad a_1 = 0, \quad a_2 = -1, \quad a_3 = 0.$

Damit wird (vgl. S. 43): $\quad 24 D = 8 \cdot 18^2.$

Die Wurzeln der zugehörigen Gleichung sind:

$$x_1 = 0, \quad x_2 = +\sqrt{3}, \quad x_3 = -\sqrt{3},$$

und die Diskriminante erhält den Wert:

$$(0 - \sqrt{3})^2 (0 + \sqrt{3})^2 (\sqrt{3} + \sqrt{3})^2 = 4 \cdot 27.$$

Aus $a_0^4 \, \Phi = c \, D$ folgt nun $c = 1$.

Damit ist die Diskriminante der kubischen Form als Funktion der Koeffizienten berechnet. Nach (58) ist:

$$D = -27 \, (a_0^2 \, a_3^2 - 6 a_0 \, a_1 \, a_2 \, a_3 + 4 a_0 \, a_2^3 + 4 a_1^3 \, a_3 - 3 \, a_1^2 \, a_2^2).$$

3) *Die Diskriminante für $k = 4$:* Nach Satz 2.9. lassen sich sämtliche Invarianten darstellen in der Form $\sum A \, P^\alpha Q^\beta$, wo $P$ und $Q$ die zwei in (59) und (60) angegebenen speziellen Invarianten sind. Wie drückt sich die Diskriminante durch $P$ und $Q$ aus? Ihr Grad ist 6, der von $P$ ist 2, der von $Q$ ist 3. Somit besteht zwischen $\alpha$ und $\beta$ die diophantische Gleichung:

$$2\alpha + 3\beta = 6.$$

Sie wird nur erfüllt durch $\alpha = 3$, $\beta = 0$ und $\alpha = 0$, $\beta = 2$. Somit läßt sich die Diskriminante darstellen als

$$D = a \, P^3 + b \, Q^2.$$

Um $a$ und $b$ zu bestimmen, legen wir zwei verschiedene spezielle Formen zugrunde, die wir am bequemsten so wählen, daß einmal $Q$ und einmal $P$ verschwindet.

Das erste tritt ein, wenn $a_1 = a_2 = a_3 = 0$; außerdem setzen wir $a_0 = 1$, $a_4 = -1$, wählen also die Form $x^4 - y^4$. Dann ist $P = -1$. Die Wurzeln der zugehörigen Gleichung sind:

$$x_1 = 1, \quad x_2 = -1, \quad x_3 = i, \quad x_4 = -i,$$

und man erhält $D = -256$, also $a = 256$.

Wählen wir dagegen $a_1 = a_2 = a_4 = 0$ und $a_0 = 1$, $a_3 = -16$, so ist unsere Form $x^4 - 4 \cdot 16 \, x \, y^3$ und $P$ verschwindet, dagegen ist $Q = -256$. Die Gleichungswurzeln sind:

$$x_1 = 0, \quad x_2 = 4, \quad x_3 = 4\varrho, \quad x_4 = 4\varrho^2,$$

wobei $\varrho$ eine primitive 3. Einheitswurzel bedeutet. Die Diskriminante wird: $D = a_0^6 \, \Phi = -4^{12} \cdot 3^3 = b \cdot 4^8$, und man erhält: $b = -27 \cdot 256$.

Somit ist:

$$D = 256\,(P^3 - 27\,Q^2).$$

Funktionen $\Phi(x_1, x_2, \ldots, x_k)$ der $k$ Gleichungswurzeln, die den Bedingungen von Satz 2.10. genügen, können wir auf folgende Weise aufstellen: Wir fassen irgendeine Permutation der $k$ Indices

$$(66) \qquad v = \begin{pmatrix} 1 & 2 & 3 & \cdots & k \\ \alpha_1 & \alpha_2 & \alpha_3 & \cdots & \alpha_k \end{pmatrix}$$

ins Auge, die keine der Zahlen $1, 2, \ldots, k$ unverändert läßt, d. h. es sei $\varkappa \neq \alpha_\varkappa$. Dann bilden wir das Differenzenprodukt:

$$(66\,\mathrm{a}) \qquad \varDelta(x_1, \ldots, x_k) = \varDelta = (x_1 - x_{\alpha_1})\,(x_2 - x_{\alpha_2}) \cdots \left(x_k - x_{\alpha_k}\right).$$

Mit $\varDelta_P$ bezeichnen wir den aus $\varDelta$ hervorgehenden Ausdruck, wenn die Indices der Permutation $P$ unterworfen werden. Bezeichnet $h$ eine beliebige natürliche Zahl und durchläuft $P$ alle möglichen Permutationen, so ist, wie gezeigt werden soll,

$$(66\,\mathrm{b}) \qquad \Phi = \sum_P \varDelta_P^h$$

eine symmetrische Funktion, die die Eigenschaften 1) bis 4) aus Satz 2.10. besitzt.

$\Phi$ ist nach Konstruktion symmetrisch, homogen und hängt nur von den Differenzen $x_\varkappa - x_\lambda$ ab. Ferner ist der Grad von $\Phi$ in bezug auf ein $x_\varkappa : r = 2h$, der Grad in bezug auf alle $x_\varkappa : p = k\,h$, womit $p = \dfrac{k\,r}{2}$ erfüllt ist. Endlich bestätigt man leicht das Bestehen der Reziprozitätseigenschaft: In jedem Faktor $x_\varkappa - x_\lambda$ eines Summanden von $\Phi$ tritt, wenn die $x_\varkappa$ durch die $\dfrac{1}{x_\varkappa}$ ersetzt und die Differenzen auf einen Nenner gebracht werden, der Nenner $x_\varkappa\,x_\lambda$ und außerdem der Faktor $-1$ dazu: $\dfrac{1}{x_\varkappa} - \dfrac{1}{x_\lambda} = - \dfrac{(x_\varkappa - x_\lambda)}{x_\varkappa\,x_\lambda}$. Da aber jedes $x_\varkappa$ in einem Summanden von $\Phi$ zweimal auftritt, so tritt jedes $x_\varkappa$ auf diese Weise $2h = r$-mal in den Nenner, und außerdem tritt $hk = p$-mal der Faktor $-1$ auf. Das bedeutet aber das Bestehen der Reziprozitätseigenschaft.

Somit ist

$$(66\,\mathrm{c}) \qquad a_0^{2h}\,\Phi(x_1, \ldots, x_k) = F(a)$$

eine Invariante der binären Form $k$-ten Grades, wofern nicht $\Phi$ identisch verschwindet.

*Beispiele:* $k = 4$. Wir legen die Permutation

$$\begin{pmatrix} 1 & 2 & 3 & 4 \\ 2 & 1 & 4 & 3 \end{pmatrix}$$

zugrunde. Das ergibt für den ersten Summanden von $\Phi$ im Fall $h = 1$:

$$(x_1 - x_2)^2 (x_3 - x_4)^2,$$

und man sieht, daß $\Phi$ (als Summe von Quadraten) nicht identisch verschwinden kann.

Für beliebiges gerades $k$ wählen wir die Permutation

$$\begin{pmatrix} 1 & 2 & 3 & 4 & \ldots & k-1 & k \\ 2 & 1 & 4 & 3 & \ldots & k & k-1 \end{pmatrix}.$$

Als erster Summand von $\Phi$ ergibt sich:

$$(-1)^{\frac{k}{2}} (x_1 - x_2)^2 (x_3 - x_4)^2 \cdots (x_{k-1} - x_k)^2.$$

Auch hier kann $\Phi$ nicht identisch verschwinden. Der Grad $r$ von $\Phi$ in bezug auf ein $x_\varkappa$ ist aber 2, also gibt es zu jeder Form geraden Grades eine Invariante 2. Grades (vgl. Satz 2.5.).

Ferner sieht man, daß bei beliebigem $k > 1$ und geradem $h$ der Ausdruck $\Phi$ nicht identisch verschwinden kann. Da der Grad der aus $\Phi$ resultierenden Invariante $r = 2h$ ist, so erkennt man, daß es zu beliebigem $k > 1$ Invarianten jedes durch 4 teilbaren Grades gibt. Das folgt auch unmittelbar aus Satz 2.7. (man nehme die Potenzen der Invarianten 4. Grades), der nunmehr neu bewiesen ist.

Die gemäß (66b) gebildeten Funktionen $\Phi$ erlauben eine sehr schöne und weitgehende Anwendung, nämlich den Beweis von

**Satz 2.11.** *Dann und nur dann verschwinden bei einer numerischen Spezialisierung der Koeffizienten $a$, bei der nicht alle Koeffizienten gleich 0 gesetzt werden, sämtliche nicht konstanten projektiven Invarianten einer binären Form $f(a, x)$, wenn sich dabei von $f(a, x)$ ein linearer Faktor in einer Potenz $v > \dfrac{k}{2}$ abspaltet, d. h., wenn die zugehörige Gleichung eine mehrfache Wurzel von einer Vielfachheit größer als $\dfrac{k}{2}$ besitzt.*

*Beweis:* Wir bezeichnen die spezialisierten Koeffizienten mit $a_\varkappa^*$, die entsprechenden Gleichungswurzeln mit $x_\varkappa^*$. Vorausgeschickt sei, daß wir annehmen dürfen: $a_0^* \neq 0$. Führen wir nämlich in $f(a, x)$ eine Substitution $x = s^\mathsf{T}(x')$ aus, so sind die Koeffizienten $a'$ in $f(a', x') = f(a, x)$: $a' = Q_k^s(a)$ (s. S. 17 f.). Ist nun $a_0^* = 0$, so kann doch $s$ so gewählt werden, daß in $a'^* = Q_k^s(a^*)$ gilt: $a_0'^* \neq 0$. Da allgemein für eine Invariante $F$ gilt: $F(a') = |s|^p F(a)$, so zieht das Verschwinden von $F(a^*)$ das von $F(a'^*)$ nach sich und umgekehrt. Ebenso bleibt die Möglichkeit, einen Linearfaktor in einer bestimmten Potenz von der Form abzuspalten, erhalten.

Wir zeigen zuerst, daß die Bedingung hinreichend ist. Wir setzen also voraus, daß die zur spezialisierten Form gehörige Gleichung $f(a^*, x)$

eine mehrfache Wurzel besitzt mit einer Vielfachheit $\nu > \dfrac{k}{2}$. Ohne Beschränkung dürfen wir annehmen: $x_1^* = \cdots = x_\nu^*$. Wir fassen irgendeine Invariante ins Auge, die als Funktion der Gleichungswurzeln vorliege:

$$a_0^r \, \Phi(x_1, x_2, \ldots, x_k).$$

$\Phi$ besteht aus einer Summe von Potenzprodukten der $x_\varkappa$. Ein solches sei:

$$x_1^{\lambda_1} x_2^{\lambda_2} \cdots x_k^{\lambda_k}.$$

Nach Eigenschaft 2) in Satz 2.10. ist

$$\lambda_1 + \lambda_2 + \cdots + \lambda_k = p.$$

$r$ ist der Grad von $\Phi$ in bezug auf ein $x_\varkappa$, also ist

$$\lambda_\varkappa \leqq r.$$

Genau $\mu$ unter den $\lambda_\varkappa$ seien $\neq 0$. Dann folgt aus den beiden angeführten Beziehungen:

$$\mu \, r \geqq p = \frac{k\,r}{2}, \quad \text{also:} \quad \mu \geqq \frac{k}{2};$$

d. h., jeder Summand von $\Phi$ muß mindestens $\dfrac{k}{2}$ der Gleichungswurzeln wirklich enthalten. Somit enthält jeder Summand von $\Phi(x_1^*, \ldots, x_k^*)$ mindestens eine der Wurzeln $x_1^*, \ldots, x_\nu^*$.

Ferner ist aber nach 3) in Satz 2.10. $\Phi$ eine Funktion der Differenzen der Wurzeln allein. Dies ist gleichbedeutend mit der Tatsache, daß sich $\Phi$ nicht ändert, wenn jedes $x_\varkappa$ durch $x_\varkappa - t$ ersetzt wird bei beliebigem $t$. Setzen wir nun speziell $t = x_1^* = \cdots = x_\nu^*$, so verschwindet jeder Summand von $\Phi(x_1^*, \ldots, x_k^*)$, wenn die $x_\varkappa^*$ durch $x_\varkappa^* - t$ ersetzt werden. Somit war $\Phi(x_1^*, \ldots, x_k^*)$ von vornherein 0, w. z. b. w.

Um zu zeigen, daß die Bedingung notwendig ist, benützen wir die auf S. 52 aufgestellten Funktionen. Wenn sämtliche Invarianten verschwinden, so gilt dies insbesondere für die mit Hilfe jener speziellen Wurzelfunktionen $\Phi$ gebildeten, also wegen $a_0^* \neq 0$ für diese selbst (vgl. (66c)).

Die Ausdrücke $\Delta_P$ in (66b) brauchen nicht alle voneinander verschieden zu sein. Mit $P_1, \ldots, P_s$ seien diejenigen verschiedenen $P$ bezeichnet, für die $\Delta_{P_\sigma} = \Delta$, $\sigma = 1, \ldots, s$, wobei $P_1$ die identische Permutation bedeuten möge. Dann tritt also der Ausdruck $\Delta$ in der Gesamtheit der $\Delta_P$ genau $s$-mal auf. Wir behaupten, daß auch jeder von $\Delta$ verschiedene Ausdruck $\Delta_{P_0}$ genau $s$-mal vorkommt. Er kommt mindestens $s$-mal vor, da $\Delta_{P_1 P_0} = \cdots = \Delta_{P_s P_0}$ und die Permutationen $P_1 P_0, \ldots, P_s P_0$ voneinander verschieden sind. Er kommt nicht mehr als $s$-mal vor, denn ist $\Delta_{P'} = \Delta_{P_0}$, so ist $\Delta_{P' P_0^{-1}} = \Delta$, also $P' P_0^{-1} = P_\sigma$ mit einem gewissen $\sigma$, $1 \leqq \sigma \leqq s$; daher ist $P' = P_\sigma P_0$ und kommt unter den vorhin aufgezählten $s$ Permutationen, die $\Delta_{P_0}$ ergeben, vor.

Es sei $N = \dfrac{k!}{s}$ die Anzahl der verschiedenen $\Delta_P$, die wir mit $y_1, \ldots, y_N$ bezeichnen. Wir lassen $h$ die Werte $1, 2, \ldots, N$ durchlaufen. Dann muß also gelten:

$$y_1^{*h} + y_2^{*h} + \cdots + y_N^{*h} = 0, \qquad h = 1, \ldots, N,$$

wo

$$y_\nu^* = \Delta_P(x_1^*, \ldots, x_k^*)$$

ist, wenn

$$y_\nu = \Delta_P(x_1, \ldots, x_k).$$

Es verschwinden also die $N$ ersten Potenzsummen der $N$ Größen $y_1^*, \ldots, y_N^*$, also auch ihre elementarsymmetrischen Funktionen, das sind die Koeffizienten $c_\nu$ einer Gleichung $N$-ten Grades $y^N + \sum\limits_{\nu=0}^{N-1} c_\nu \, y^\nu = 0$, der die $y_1^*, \ldots, y_N^*$ genügen; also verschwinden diese selbst:

$$y_1^* = \cdots = y_N^* = 0.$$

Dies gilt für jede Permutation $v$ der Art (66), d. h., alle Differenzenprodukte (66a) verschwinden bei der Spezialisierung.

Es bleibt jetzt nur noch zu zeigen, daß, wenn die Vielfachheit sämtlicher Wurzeln der zur Form gehörigen Gleichung nicht größer als $\dfrac{k}{2}$ ist, sich dann sehr wohl gewisse nicht verschwindende Differenzenprodukte $\Delta$ bilden lassen. Es kommt nur darauf an, die Permutation, mit deren Hilfe $\Delta$ gewonnen wurde, passend zu wählen, nämlich so, daß nie zwei gleiche Wurzeln vertauscht werden. Zu diesem Zwecke schreiben wir die Wurzeln nach folgendem Schema an: Die erste Zeile enthalte die Wurzeln höchster Vielfachheit, also höchstens $\dfrac{k}{2}$; die zweite Zeile enthalte zuerst die Wurzeln zweithöchster Vielfachheit und dann eventuell noch so viele der nächstniedrigen Vielfachheit, daß sie gleich viele Wurzeln wie die erste Zeile enthält. Ebenso werden die weiteren Wurzeln nach Maßgabe ihrer Vielfachheit eingeordnet, derart, daß jede Zeile (die letzte eventuell ausgenommen) die gleiche Anzahl enthält. Wie man leicht sieht, kommen so nie zwei gleiche Wurzeln untereinander zu stehen. Nun wählen wir diejenige Permutation, die durch das Produkt der elementfremden Zyklen, die aus den Spalten unseres Schemas gebildet werden, dargestellt wird. Ist dagegen die höchste auftretende Vielfachheit größer als $\dfrac{k}{2}$, so versagt das Verfahren, da sich dann die zweite Zeile nicht mehr füllen läßt.

Beim zweiten Teil des Beweises haben wir aus dem Verschwinden einer endlichen Anzahl spezieller Invarianten auf $\nu > \dfrac{k}{2}$ geschlossen, woraus nach dem ersten Teil das Verschwinden aller Invarianten folgt. Somit haben wir bewiesen:

**Satz 2.12.** *In dem System der projektiven Invarianten einer Form gibt es eine endliche Anzahl, die sich rechnerisch herstellen lassen und deren Verschwinden bei Spezialisierung der Koeffizienten der Form das Verschwinden sämtlicher Invarianten nach sich zieht.*

Wir können auch leicht eine obere Schranke für diese Anzahl bestimmen: Die in Betracht kommenden Invarianten sind die $\Phi$ aus (66b), wobei $h$ von 1 bis $N$ läuft und $\Delta$ irgendeinen Ausdruck (66a) bedeutet; $N$ ist dabei ein Teiler von $k!$. Jedes $\Delta$ war unter Zugrundelegung einer speziellen Permutation gewonnen, die einer bestimmten Beschränkung unterlag; es gibt also weniger als $k!$ verschiedene $\Delta$. Also ist die Anzahl der im Beweis benutzten Invarianten kleiner als $(k!)^2$.

## § 5. Die Kovarianten der binären Formen

Wir gehen zunächst von einer einzigen gegebenen Form vom Grade $k$ aus:

$$f(a, x) = a_0\, x^k + \binom{k}{1} a_1\, x^{k-1} y + \cdots + a_k\, y^k.$$

Wir suchen notwendige und hinreichende Bedingungen dafür, daß eine Funktion $F(a, x)$ eine Kovariante ist. Wir schreiben $F(a, x)$ in der Form:

$$(67) \qquad F(a, x) = \sum_{\mu=0}^{m} \binom{m}{\mu} c_\mu\, x^{m-\mu} y^\mu.$$

Dabei sind die $c_\mu$ ganze rationale Funktionen vom Grade $r$ in den $a$.

Wir schreiben die kennzeichnende Eigenschaft der Kovarianten (s. S. 20f. und (29))

$$F(a', x') = |s|^p\, F(a, s^{\mathsf{T}}(x')) \quad \text{mit} \quad a' = Q_k^s(a)$$

für die fünf speziellen Substitutionen von S. 36f. an und finden:

1) Es muß gelten:

$$\sum_{\mu=0}^{m} \binom{m}{\mu} c_\mu(a')\, x'^{m-\mu} y'^\mu = \omega^{2p} \sum_{\mu=0}^{m} \binom{m}{\mu} c_\mu(a)\, \omega^m\, x'^{m-\mu} y'^\mu.$$

Somit ist:

$$c_\mu(a') = \omega^{2p+m}\, c_\mu(a) \quad \text{für} \quad \mu = 0, 1, \ldots, m.$$

Wegen $a' = \omega^k a$ gilt also

$$c_\mu(\omega^k a) = \omega^{2p+m}\, c_\mu(a) \quad \text{für} \quad \mu = 0, 1, \ldots, m.$$

D. h.: $c_\mu(a)$ ist homogen und sein Grad $r$ genügt der Gleichung

$$(68) \qquad kr = 2p + m,$$

ist also insbesondere unabhängig von $\mu$. $F(a, x)$ selbst ist also notwendig homogen* vom Grade $r$. (68) ist einfach die Gewichtsregel (Satz 1.11.).

2) Hier folgt:

$$\sum_{\mu=0}^{m} \binom{m}{\mu} c_\mu(a') \, x'^{\,m-\mu} y'^{\,\mu} = \delta^p \sum_{\mu=0}^{m} \binom{m}{\mu} c_\mu(a) \, x'^{\,m-\mu} \delta^\mu y'^{\,\mu},$$

somit:

$$c_\mu(a') = \delta^{p+\mu} c_\mu(a) \quad \text{für} \quad \mu = 0, 1, \ldots, m.$$

Hieraus folgt: $c_\mu$ muß isobar vom Gewicht $p + \mu$ sein (vgl. S. 38).

3) Es muß gelten:

$$\sum_{\mu=0}^{m} \binom{m}{\mu} c_\mu(a') \, x'^{\,m-\mu} y'^{\,\mu} = (-1)^p \sum_{\mu=0}^{m} \binom{m}{\mu} c_\mu(a) \, y'^{\,m-\mu} x'^{\,\mu},$$

d. h.:

$$c_\mu(a') = (-1)^p c_{m-\mu}(a),$$

oder:

$$c_\mu(a_k, a_{k-1}, \ldots, a_0) = (-1)^p c_{m-\mu}(a_0, a_1, \ldots, a_k).$$

4) Hier erhalten wir wieder eine Differentialgleichung. Es ist $x' = x - ty$, $y' = y$ und daher: $F(a'; x - ty, y) = F(a; x, y)$. Die linke Seite darf nur scheinbar von $t$ abhängen, somit muß die Ableitung nach $t$ verschwinden. Das ergibt:

$$\sum_{\varkappa=0}^{k} \left(\frac{\partial F}{\partial a_\varkappa}\right)' \frac{da'_\varkappa}{dt} + \left(\frac{\partial F}{\partial x}\right)' (-y) = 0,$$

wobei die Striche an den Ableitungen bedeuten, daß die Ausdrücke in den $a'$, $x'$ gemeint sind. Wenn wir von (45 a) S. 37 Gebrauch machen, so folgt:

$$\sum_{\varkappa=1}^{k} \left(\frac{\partial F}{\partial a_\varkappa}\right)' \varkappa \, a'_{\varkappa-1} = y \left(\frac{\partial F}{\partial x}\right)'$$

und mit $t = 0$ (vgl. S. 38):

$$(69) \qquad \mathscr{D} F = y \frac{\partial F}{\partial x}.$$

5) Die Substitution $s_5$ liefert auf ganz analogem Wege (vgl. S. 39):

$$(70) \qquad \triangle F = x \frac{\partial F}{\partial y}.$$

Setzen wir für $F$ den Ausdruck (67) ein, so liefert (69):

$$\sum_{\mu=0}^{m} \binom{m}{\mu} \mathscr{D} c_\mu \, x^{m-\mu} y^\mu = \sum_{\mu=0}^{m-1} \binom{m}{\mu} (m - \mu) c_\mu \, x^{m-\mu-1} y^{\mu+1}$$

$$= \sum_{\mu=0}^{m} \binom{m}{\mu-1} (m - \mu + 1) c_{\mu-1} \, x^{m-\mu} y^\mu$$

---

* Vgl. Fußnote S. 25.

mit $\left(\begin{matrix} m \\ -1 \end{matrix}\right) = 0$. Koeffizientenvergleich ergibt:

$$(71) \qquad \mathscr{D}c_\mu = \mu\, c_{\mu-1}, \qquad \mu = 0, 1, \ldots, m.$$

Entsprechend findet man:

$$(72) \qquad \triangle c_\mu = (m - \mu)\, c_{\mu+1}, \qquad \mu = 0, 1, \ldots, m.$$

Diese Gleichung gestattet, bei gegebenem $c_0$ die folgenden Koeffizienten rekursiv zu berechnen. Man kann auch eine independente Darstellung geben, nämlich, wenn man $\triangle\,(\triangle c_0) = \triangle^2 c_0$ usw. setzt:

$$(73) \qquad \begin{aligned}
c_1 &= \frac{1}{m}\,\triangle c_0, \\[2mm]
c_2 &= \frac{1}{m\,(m-1)}\,\triangle^2 c_0, \\[2mm]
c_3 &= \frac{1}{m\,(m-1)\,(m-2)}\,\triangle^3 c_0, \\[2mm]
&\quad\cdots\cdots\cdots\cdots\cdots\cdots, \\[2mm]
c_m &= \frac{1}{m!}\,\triangle^m c_0,
\end{aligned}$$

wobei nach (49), S. 39

$$\triangle = \sum_{\varkappa=0}^{k-1} (k - \varkappa)\, a_{\varkappa+1} \frac{\partial}{\partial a_\varkappa}.$$

Somit ist die Kovariante durch den Koeffizienten $c_0$ des Gliedes höchsten Grades in $x$, d. h. durch das Leitglied, völlig bestimmt, was wir schon früher für eine Form beliebigen Grades auf anderem Wege gefunden hatten; vgl. Satz 1.12. Für das Leitglied folgt durch nochmalige Anwendung von $\triangle$ auf die letzte Gl. (73) aus (72) mit $\mu = m$:

$$(74) \qquad \triangle^{m+1} c_0 = 0.$$

Wir fassen die bisherigen Ergebnisse zusammen in
**Satz 2.13.** *Eine projektive Kovariante*

$$F\,(a, x) = \sum_{\mu=0}^{m} \left(\begin{matrix} m \\ \mu \end{matrix}\right) c_\mu\, x^{m-\mu}\, y^\mu$$

*vom Gewicht $p$ einer binären Form*

$$f\,(a, x) = \sum_{\varkappa=0}^{k} \left(\begin{matrix} k \\ \varkappa \end{matrix}\right) a_\varkappa\, x^{k-\varkappa}\, y^\varkappa$$

*hat die folgenden Eigenschaften: 1) Sie ist homogen in bezug auf die a.
2) Ihre Koeffizienten sind isobar, und zwar ist $c_\mu$ vom Gewicht $p + \mu$.
3) Es besteht die Symmetrieeigenschaft*

$$c_\mu(a_k, a_{k-1}, \ldots, a_0) = (-1)^p\, c_{m-\mu}(a_0, a_1, \ldots, a_k).$$

*4) Sie genügt der Differentialgleichung $\mathscr{D} F = y \dfrac{\partial F}{\partial x}$. 5) Sie genügt der Differentialgleichung $\triangle F = x \dfrac{\partial F}{\partial y}$. Eine Kovariante ist durch ihr Leitglied $c_0$ völlig bestimmt; $c_1, \ldots, c_m$ ergeben sich aus $c_0$ nach (73). $c_0$ genügt der Differentialgleichung $\triangle^{m+1} c_0 = 0$. — Hinreichend für die Kovarianteneigenschaft von $F(a, x)$ ist ein System von Bedingungen, das entweder 1) oder 2) und dazu zwei von den drei Bedingungen 3), 4), 5) umfaßt.*

Die letzten Behauptungen folgen wieder aus den Sätzen 1.19. und 1.20.

Nach dem Satz 1.14. von ROBERTS ist die Semiinvarianteneigenschaft für das Leitglied $c_0$ notwendig und hinreichend, das Problem der Kovarianten also auf das der Semiinvarianten zurückgeführt. Für diese gilt nun das Kriterium:

**Satz 2.14.** *Eine ganze rationale Funktion $\varphi(a)$ der Koeffizienten $a$ der binären Form $f(a, x)$ ist dann und nur dann eine Semiinvariante, wenn sie 1) homogen und isobar ist, 2) der Differentialgleichung $\mathscr{D} \varphi = 0$ genügt. Eine Semiinvariante für eine Form $k$-ten Grades genügt ferner der Differentialgleichung $\triangle^{m+1} \varphi = 0$, wo $m = k\,r - 2p$ und $r$ und $p$ Grad bzw. Gewicht* von $\varphi$ sind.*

*Beweis:* Die letzte Behauptung ist die Gl. (74) in anderer Bezeichnungsweise. Dabei ist von selbst $m = k\,r - 2p \geqq 0$, da $m$ die Ordnung der zu $\varphi$ gehörigen Kovariante ist (vgl. Satz 1.15.).

Eine Semiinvariante ist nach Definition (vgl. S. 27) eine Invariante bezüglich der Substitutionen

$$\sigma = \begin{pmatrix} \alpha & 0 \\ \gamma & \delta \end{pmatrix}.$$

Die Bedingungen des Satzes sind notwendig und hinreichend für Invarianz hinsichtlich der spezielleren Substitutionen

$$s_1 = \begin{pmatrix} \omega & 0 \\ 0 & \omega \end{pmatrix}, \quad s_2 = \begin{pmatrix} 1 & 0 \\ 0 & \delta \end{pmatrix}, \quad s_4 = \begin{pmatrix} 1 & 0 \\ t & 1 \end{pmatrix}$$

(vgl. S. 37f.). Die Bedingungen sind also notwendig dafür, daß $c_0$ eine Semiinvariante ist. Zum Beweise, daß sie hinreichend sind, ist nur zu zeigen, daß sich jede Substitution $\sigma$ aus den Substitutionen $s_1$, $s_2$, $s_4$ zusammensetzen läßt. Das geht aus der Gleichung

$$\sigma = \begin{pmatrix} \alpha & 0 \\ \gamma & \delta \end{pmatrix} = \begin{pmatrix} \alpha & 0 \\ 0 & \alpha \end{pmatrix} \begin{pmatrix} 1 & 0 \\ 0 & \delta \alpha^{-1} \end{pmatrix} \begin{pmatrix} 1 & 0 \\ \gamma \delta^{-1} & 1 \end{pmatrix}$$

hervor (man beachte, daß $\alpha \neq 0$, $\delta \neq 0$ wegen $|\sigma| \neq 0$).

Ist neben den Forderungen von Satz 2.14. noch die der Symmetrie oder die Differentialgleichung $\triangle \varphi = 0$ erfüllt, so liegt eine Invariante vor (vgl. Satz 2.1.). Ist $m = 0$, so führt die Semiinvariante auf eine

---

* Unter dem Gewicht der (isobaren) Funktion $\varphi$ ist dabei das Gewicht ihrer Glieder zu verstehen.

Kovariante der Ordnung 0, also eine Invariante, und diese ist mit der Semiinvariante identisch. Daß diese in dem genannten Fall eine Invariante ist, geht auch daraus hervor, daß die stets gültige Gleichung $\triangle^{m+1}\varphi = 0$ hier übergeht in $\triangle\varphi = 0$.

Somit ergibt sich ein weiteres Hauptkriterium für Invarianten:

**Satz 2.15.** *Eine Funktion der Koeffizienten der binären Form $k$-ten Grades ist dann und nur dann eine projektive Invariante, 1) wenn sie homogen und isobar ist, 2) wenn ihr Grad $r$ und ihr Gewicht $p$ in der Beziehung $k\,r = 2p$ stehen, 3) wenn sie der Differentialgleichung $\mathscr{D}F = 0$ genügt.*

$a_0$ ist stets eine Semiinvariante; die zugehörige Kovariante ist die gegebene Form selbst, denn diese hat das Leitglied $a_0$.

Wir wenden das Vorangehende auf quadratische binäre Formen an:

$$f(a,\,x) = a_0\,x^2 + 2a_1\,x\,y + a_2\,y^2.$$

Zwei Semiinvarianten kennen wir schon, nämlich

$$A = a_0 \quad\text{und}\quad B = a_0\,a_2 - a_1^2 \quad\text{(vgl. S. 22)}.$$

$B$ ist sogar eine Invariante. Wir zeigen, daß sämtliche Semiinvarianten ganze rationale Funktionen von $A$ und $B$ sind.

Eine Semiinvariante $F$ unserer Form ist eine homogene isobare Funktion von $a_0, a_1, a_2$, die der Differentialgleichung

$$(75)\qquad\qquad \mathscr{D}F = a_0\,F_1 + 2a_1\,F_2 = 0$$

genügt. Das Glied höchster Dimension in $a_2$ sei: $a_2^h\,G$. $G$ kann von $a_0$ und $a_1$ abhängen. Dieses Glied liefert bei $h > 0$ für die linke Seite unserer Differentialgleichung den Beitrag

$$a_0\,a_2^h\,G_1 + 2a_1\,h\,a_2^{h-1}\,G.$$

Mit Ausnahme des Gliedes $a_0\,a_2^h\,G_1$ kann aber in $\mathscr{D}F = 0$ kein Glied auftreten, das in $a_2$ von $h$-ter Dimension ist; somit muß $G_1 = 0$ sein, d. h., $G$ muß von $a_1$ unabhängig sein. Also ist das Glied höchster Dimension in $a_2$: $\gamma\,a_2^h\,a_0^l$. Hierbei ist $l \geqq h$, denn bei einer Semiinvariante ist allgemein (s. S. 30): $r\,k - 2p \geqq 0$, also hier (wegen $k = 2$): $r \geqq p$. Das gibt, auf das vorliegende Glied vom Gewicht $2h + 0 \cdot l$ angewandt:

$$h + l \geqq 2h, \quad l \geqq h.$$

Somit können wir dieses Glied auch schreiben:

$$\gamma\,(a_0\,a_2)^h\,a_0^s,$$

wo $s \geqq 0$ ist. Bilden wir jetzt $\gamma\,A^s\,B^h$, so enthält diese Semiinvariante genau das betrachtete Glied als das Glied höchster Dimension in $a_2$. Somit ist der Ausdruck

$$F - \gamma\,A^s\,B^h$$

in $a_2$ von niedrigerer als $h$-ter Dimension. Er ist aber 0 oder eine Semiinvariante, da $F$ und $\gamma\,A^s\,B^h$ solche sind und außerdem in bezug auf Grad und Gewicht übereinstimmen. Durch Weiterführung des Reduktionsverfahrens erhält man schließlich 0 oder eine Semiinvariante, die nicht mehr von $a_2$ und mit Rücksicht auf (75) auch nicht von $a_1$ abhängt, also eine Potenz von $A = a_0$ ist, womit die Behauptung bewiesen ist.

Auf Grund von (37) S. 26 sieht man, daß sich die Kovarianten ganz ebenso aus den zu $A$ und $B$ gehörigen Kovarianten aufbauen, wie die Semiinvarianten aus $A$ und $B$. Die zu $A$ gehörige Kovariante ist aber die Form selbst, die zu $B$ gehörige ist wieder $B$; somit gilt:

**Satz 2.16.** *Für eine quadratische binäre Form bilden die Form selbst und ihre Diskriminante eine Basis des projektiven Kovariantensystems.*

Hat man eine Semiinvariante $\varphi$, so findet man die zugehörige Kovariante entweder mit Hilfe von (37) S. 26 oder mittels (73) S. 58. Wir wollen das erste Verfahren noch weiterverfolgen. $Q_k^\tau$ ist in unserem Falle die Substitution (46) S. 37, wenn wir dort $t = \dfrac{t_2}{t_1}$ setzen.

Um die Kovariante $F(a, x)$ zu erhalten, haben wir also in der Semiinvariante die $a_\varkappa$ zu ersetzen durch (46) mit $t = \dfrac{y}{x}$ und schließlich den ganzen Ausdruck mit $x^m = x^{kr-2p}$ zu multiplizieren. Das Ergebnis können wir aber noch etwas anders schreiben. Wir bilden:

$$
\begin{aligned}
f_0 = f &= \sum_{\varkappa=0}^{k} \binom{k}{\varkappa} a_\varkappa\, x^{k-\varkappa} y^\varkappa, \\
f_1 = \frac{1}{k}\frac{\partial f}{\partial y} &= \sum_{\varkappa=1}^{k} \binom{k-1}{\varkappa-1} a_\varkappa\, x^{k-\varkappa} y^{\varkappa-1}, \\
\cdots\cdots\cdots\cdots\cdots&\cdots\cdots\cdots\cdots\cdots\cdots\cdots, \\
f_\nu = \frac{1}{k(k-1)\cdots(k-\nu+1)}\frac{\partial^\nu f}{\partial y^\nu} &= \sum_{\varkappa=\nu}^{k} \binom{k-\nu}{\varkappa-\nu} a_\varkappa\, x^{k-\varkappa} y^{\varkappa-\nu}, \\
\cdots\cdots\cdots\cdots\cdots&\cdots\cdots\cdots\cdots\cdots\cdots\cdots
\end{aligned}
\tag{76}
$$

Vergleicht man diese Ausdrücke mit den $a'_\varkappa$ in (46), so sieht man, daß die in der Semiinvariante auszuführende Substitution einfach so geschrieben werden kann:

$$
a'_\nu = \frac{f_\nu}{x^{k-\nu}}.
$$

Dann lautet also die zur Semiinvariante $\varphi(a_0, a_1, \ldots, a_k)$ gehörige Kovariante:

$$
\begin{aligned}
F(a, x) &= x^m\, \varphi\left(\frac{f_0}{x^k}, \frac{f_1}{x^{k-1}}, \ldots, \frac{f_\nu}{x^{k-\nu}}, \ldots, f_k\right) \\
&= x^{m-kr}\, \varphi(f_0,\, xf_1,\, \ldots,\, x^\nu f_\nu,\, \ldots,\, x^k f_k)
\end{aligned}
$$

oder, da $\varphi$ isobar ist: $F(a, x) = x^{m-kr+p} \varphi(f_0, f_1, \ldots, f_k)$, d. h.:

$$(76a) \qquad F(a, x) = x^{-p} \varphi(f_0, f_1, \ldots, f_k).$$

Es gilt also:

**Satz 2.17.** *Ist $\varphi(a_0, \ldots, a_k)$ eine Semiinvariante vom Gewicht* $p$ für die binäre Form $f(a, x)$, so ist*

$$(76b) \qquad F(a, x) = x^{-p} \varphi\left(f, \frac{1}{k} \frac{\partial f}{\partial y}, \ldots, \frac{(k-\varkappa)!}{k!} \frac{\partial^\varkappa f}{\partial y^\varkappa}, \ldots, \frac{1}{k!} \frac{\partial^k f}{\partial y^k}\right)$$

*die nach Satz 1.12. zugehörige projektive Kovariante.*

Wir fassen nun zwei Formen der Grade $k$ und $l$ ins Auge, wobei $l \leq k$ sei. Die Koeffizienten seien die Variablen $a_0, \ldots, a_k$ bzw. $a_0, \ldots, a_l$. Jede Semiinvariante der Form $l$-ten Grades ist auch eine solche der Form $k$-ten Grades, denn die Bedingungen der Homogenität und Isobarität sind unabhängig vom Grad der Form. Die Differentialgleichung $\mathscr{D} F = 0$ bleibt aber gültig, denn die Glieder, die sie im Falle einer Form $k$-ten Grades mehr besitzt als vorher, verschwinden sämtlich, da $F_{l+1} = \cdots = F_k = 0$ ist. Sonach gilt:

**Satz 2.18.** *Sind $f(a, x)$ und $g(a, x)$ zwei binäre Formen der Grade $k$ und $l$ mit $l \leq k$, so ist jede Semiinvariante von $g$ auch eine solche von $f$.*

**Beispiele:** Für die quadratische Form ist $a_0 a_2 - a_1^2$ eine Invariante vom Gewicht 2, also ist dieser Ausdruck auch Semiinvariante für jede Form von höherem Grade. Nach (76b) ist dann die zugehörige Kovariante:

$$F(a, x) = x^{-2} \begin{vmatrix} f & \dfrac{1}{k} \dfrac{\partial f}{\partial y} \\ \dfrac{1}{k} \dfrac{\partial f}{\partial y} & \dfrac{1}{k(k-1)} \dfrac{\partial^2 f}{\partial y^2} \end{vmatrix}.$$

Dieser Ausdruck ist, abgesehen von einem konstanten Faktor, identisch mit der Hesseschen Kovariante (S. 22). Man sieht das ein, wenn man in der Hesseschen Kovariante

$$\begin{vmatrix} \dfrac{\partial^2 f}{\partial x^2} & \dfrac{\partial^2 f}{\partial x \, \partial y} \\ \dfrac{\partial^2 f}{\partial x \, \partial y} & \dfrac{\partial^2 f}{\partial y^2} \end{vmatrix}$$

die mit $y$ multiplizierte zweite Spalte zur mit $x$ multiplizierten ersten addiert und die Eulersche Relation für homogene Funktionen anwendet, dann dasselbe Verfahren mit den Zeilen vornimmt.

Bei der quadratischen Form und bei der Form 4. Grades ist die Hankelsche Determinante der Koeffizientenreihe eine Invariante (vgl. S. 22f. und S. 44). Das legt die Vermutung nahe, daß allgemein bei einer

---

* Siehe Fußnote S. 59.

Form vom Grade $k = 2q$ diese Determinante, nämlich:

$$(77) \qquad I = \begin{vmatrix} a_0 & a_1 & \ldots & a_q \\ a_1 & a_2 & \ldots & a_{q+1} \\ \multicolumn{4}{c}{\cdots\cdots\cdots\cdots} \\ a_q & a_{q+1} & \ldots & a_{2q} \end{vmatrix}$$

eine Invariante ist. Das ist in der Tat der Fall. Wir zeigen dies mittels des in Satz 2.15. gegebenen Kriteriums. $I$ ist homogen vom Grade $q + 1$. Um die Isobarität nachzuweisen, beachte man, daß, wenn $\alpha$ und $\beta$ Zeilen- und Spaltenindices sind, $I$ so geschrieben werden kann:

$$I = |a_{\alpha+\beta}|, \qquad 0 \leqq \alpha, \beta \leqq q.$$

Ein Glied der Determinante lautet dann:

$$\pm\, a_{0+\alpha_0}\, a_{1+\alpha_1} \cdots a_{q+\alpha_q},$$

wo die Zahlenreihe $\alpha_0, \alpha_1, \ldots, \alpha_q$ irgendeine Permutation der Zahlen $0, 1, 2, \ldots, q$ ist. Das Gewicht dieses Gliedes ist $q(q + 1)$, also unabhängig von dessen spezieller Wahl. Außerdem erkennt man, daß die Gewichtsregel erfüllt ist.

Die Differentialgleichung $\mathscr{D} I = 0$ nachzuprüfen, wäre sehr mühsam. Einfacher ist es, auf ihren Ursprung zurückzugehen, nämlich die Invarianz von $I$ gegen die Verschiebung

$$\begin{pmatrix} 1 & 0 \\ t & 1 \end{pmatrix}.$$

Die entsprechende Substitution der $a$ ist (45). Wir zeigen, daß man genau $I(a')$ erhält, wenn man die Determinante des Matrizenprodukts $T\,J\,T^\mathsf{T}$ berechnet, wo $J$ die Matrix $(a_{\alpha+\beta})$ ($\alpha$ ist Zeilen-, $\beta$ Spaltenindex) und $T$ die Matrix der Substitution (45) für $\varkappa = 0, \ldots, q$ ist. Die Matrix in (45) ist nämlich eine $(k + 1)$-reihige Dreiecksmatrix, $k = 2q$; insbesondere drücken sich $a_0', \ldots, a_q'$ durch $a_0, \ldots, a_q$ allein aus; $T$ ist der Abschnitt, der aus den $q + 1$ ersten Zeilen und Spalten besteht:

$$T = \left(\binom{\varkappa}{\lambda} t^{\varkappa-\lambda}\right), \qquad \begin{aligned} &\varkappa, \lambda = 0, \ldots, q, \\ &\varkappa \text{ ist Zeilen-}, \lambda \text{ Spaltenindex.} \end{aligned}$$

Man erhält als Element der Determinante $|T\,J\,T^\mathsf{T}|$:

$$a'_{\mu\nu} = \sum_{\alpha=0}^{\mu} \sum_{\beta=0}^{\nu} a_{\alpha+\beta} \binom{\mu}{\alpha} t^{\mu-\alpha} \binom{\nu}{\beta} t^{\nu-\beta}$$

$$= \sum_{\iota=0}^{\mu+\nu} \left( a_\iota\, t^{\mu+\nu-\iota} \sum_{\alpha+\beta=\iota} \binom{\mu}{\alpha} \binom{\nu}{\beta} \right), \qquad \mu, \nu = 0, \ldots, q,$$

oder, mit Benutzung der bekannten Beziehung

$$\sum_{\alpha+\beta=\iota} \binom{\mu}{\alpha} \binom{\nu}{\beta} = \binom{\mu+\nu}{\iota}:$$

$$a'_{\mu\nu} = \sum_{\iota=0}^{\mu+\nu} \binom{\mu+\nu}{\iota} a_\iota \, t^{\mu+\nu-\iota} = a'_{\mu+\nu} \qquad\qquad \text{nach (45)}.$$

Also ist:

$$I(a') = |\, T \, J \, T^\mathsf{T} \,| = |\,T\,|\,|\,J\,|\,|\,T^\mathsf{T}\,|;$$

da aber $|\,T\,| = |\,T^\mathsf{T}\,| = 1$ ist, so folgt:

$$I(a') = |\,a'_{\alpha+\beta}\,| = |\,J\,| = |\,a_{\alpha+\beta}\,| = I(a) \qquad\qquad \text{w. z. b. w.}$$

Es gilt also:

**Satz 2.19.** *Die Hankelsche Determinante (77) der Koeffizientenreihe einer binären Form geraden Grades ist eine projektive Invariante dieser Form.*

Die neugewonnene Invariante ist Semiinvariante für jedes $k \geqq 2q$ und liefert nach (76a) mit der Bezeichnungsweise (76) sogleich die Kovariante

$$(78) \qquad\qquad x^{-q(q+1)} \begin{vmatrix} f_0 & f_1 & \cdots & f_q \\ f_1 & f_2 & \cdots & f_{q+1} \\ \cdots\cdots\cdots\cdots\cdots \\ f_{q+1} & f_{q+2} & \cdots & f_{2q} \end{vmatrix}.$$

Damit haben wir:

**Satz 2.20.** *Ist $f$ eine binäre Form $k$-ten Grades, $q \leqq \dfrac{k}{2}$ eine nichtnegative ganze Zahl, so ist (78) eine projektive Kovariante von $f$, wo*

$$f_\varkappa = \frac{(k-\varkappa)!}{k!} \frac{\partial^\varkappa f}{\partial y^\varkappa}$$

*zu setzen ist.*

Zum Schluß noch einige kurze *Bemerkungen zum Problem der simultanen Kovarianten:* Es mögen die Formen $f(a, x)$, $g(b, x)$, $\ldots$ mit bzw. den Graden $k, k', \ldots$ zugrunde liegen. Unsere allgemeinen Resultate von S. 56ff. übertragen sich völlig, wenn nur die allgemeine Gewichtsregel

$$k\,r + k'\,r' + \cdots - 2p = m,$$

gültig für eigentlich homogene Kovarianten (S. 25) benutzt wird, und der $\mathscr{D}$- bzw. $\triangle$-Prozeß wie S. 40 erklärt wird.

## § 6. Der Cayley-Sylvestersche Fundamentalsatz

Es liege eine Form $f(a, x)$ vom Grade $k$ vor. Wir fragen: Wie viele linear unabhängige Semiinvarianten vom Grade $r$ und Gewicht $p$ gibt es? Wir lassen zunächst von den in Satz 2.14. für Semiinvarianten aufgestellten Kriterien das zweite, $\mathscr{D}\varphi = 0$, weg, fragen also nur nach der Anzahl der linear unabhängigen homogenen isobaren Funktionen in $k + 1$ Veränderlichen $a_0, a_1, \ldots, a_k$ von vorgegebenem Grade $r$ und Gewicht $p$. Sie ist offenbar gleich der Anzahl der Potenzprodukte mit nicht negativen Exponenten $a_0^{\lambda_0} a_1^{\lambda_1} \cdots a_k^{\lambda_k}$ vom Grade $r$ und Gewicht $p$, also gleich der Anzahl der Lösungssysteme im Bereich der nicht negativen ganzen Zahlen der beiden diophantischen Gleichungen

$$\begin{aligned}
\lambda_0 + \lambda_1 + \lambda_2 + \cdots + \lambda_k &= r, \\
\lambda_1 + 2\lambda_2 + \cdots + k\lambda_k &= p.
\end{aligned} \tag{79}$$

Wir bezeichnen diese Anzahl mit $A(k, r, p)$.

Für eine Semiinvariante ist, wie wir wissen, $m = kr - 2p \geqq 0$ (s. S. 59). Also gibt es für $kr - 2p < 0$ keine Semiinvarianten. Bei $kr - 2p \geqq 0$ wird die Frage beantwortet durch den

**Satz 2.21. (von Cayley-Sylvester).** *Die Anzahl $N(k, r, p)$ der linear unabhängigen Semiinvarianten einer binären Form $k$-ten Grades vom Grade $r$ und Gewicht $p$ ist, falls $kr - 2p \geqq 0$,*

$$N(k, r, p) = A(k, r, p) - A(k, r, p - 1), \tag{80}$$

*wo $A(k, r, p)$ die Anzahl der Lösungssysteme der diophantischen Gleichungen (79) in nichtnegativen ganzen Zahlen bedeutet.*

Wie man dazu kommt, die Gültigkeit dieses Satzes zu vermuten, können wir uns so klarmachen. Es seien

$$P_1, P_2, \ldots, P_A, \quad A = A(k, r, p)$$

die $A(k, r, p)$ Potenzprodukte vom Grade $r$ und vom Gewichte $p$ in $a_0, \ldots, a_k$. Aus ihnen setzt sich jede homogene isobare Funktion gleichen Grades und Gewichts linear und homogen zusammen, also auch jede Semiinvariante dieser Art; es sei $F$ eine solche:

$$F = x_1 P_1 + x_2 P_2 + \cdots + x_A P_A,$$

wobei die $x$ gewisse Zahlen sind, die durch die Forderung $\mathscr{D}F = 0$ (s. (48)) eingeschränkt sind. Es ist aber $\mathscr{D}F$ vom selben Grade wie $F$, während sein Gewicht um 1 niedriger ist. $\mathscr{D}F$ setzt sich somit linear und homogen zusammen aus den $A(k, r, p - 1) = A'$ Potenzprodukten vom Grade $r$ und vom Gewicht $p - 1$; wir bezeichnen sie mit

$$Q_1, Q_2, \ldots, Q_{A'}.$$

Es ist also:

$$\mathscr{D}F = y_1 Q_1 + y_2 Q_2 + \cdots + y_{A'} Q_{A'} = 0.$$

Die $y$ sind dabei lineare homogene Ausdrücke der $x$. Wegen der linearen Unabhängigkeit der $Q$ müssen die $y$ einzeln verschwinden. Das sind $A(k, r, p - 1)$ homogene lineare Gleichungen für die $A(k, r, p)$ Unbekannten $x$. Wenn wir wüßten, daß diese Gleichungen linear unabhängig voneinander sind, so wäre gezeigt, daß der Rang ihres Lösungssystems, und damit die Anzahl der linear unabhängigen Semiinvarianten, gleich $A(k, r, p) - A(k, r, p - 1) \geqq 0$ ist. Auf jeden Fall aber ist:

$$(80\,\mathrm{a}) \qquad N(k, r, p) \geqq A(k, r, p) - A(k, r, p - 1).$$

CAYLEY hat mit dem Satz operiert, ohne die angedeutete Lücke ausgefüllt zu haben. Der erste stichhaltige Beweis stammt von SYLVESTER, der im folgenden wiedergegebene von HILBERT.

*Beweis* von Satz 2.21. Er beruht auf einem eingehenden Studium der Operationen $\mathscr{D}$ und $\triangle$. Diese waren so definiert (s. S. 38f.):

$$\mathscr{D} F = a_0 F_1 + 2 a_1 F_2 + \cdots + \varkappa\, a_{\varkappa-1} F_\varkappa + \cdots + k a_{k-1} F_k,$$

$$\triangle F = k\, a_1 F_0 + (k - 1)\, a_2 F_1 + \cdots + (k - \varkappa)\, a_{\varkappa+1} F_\varkappa + \cdots + a_k F_{k-1}.$$

Zunächst stellen wir eine Reihe einfacher Regeln auf. $F$ bedeutet immer ein homogenes isobares Polynom in $a_0, \ldots, a_k$.

1) Durch Anwendung des $\mathscr{D}$- bzw. $\triangle$-Prozesses erhalten wir wieder homogene isobare Funktionen, deren Grad, wenn sie nicht identisch verschwinden, gleich dem von $F$ ist, deren Gewicht aber um 1 erniedrigt bzw. erhöht ist:

$$p(\mathscr{D} F) = p(F) - 1, \qquad p(\triangle F) = p(F) + 1.$$

Durch $\nu$-fache Wiederholung folgt:

$$(81) \qquad p(\mathscr{D}^\nu F) = p(F) - \nu, \qquad p(\triangle^\nu F) = p(F) + \nu,$$

sofern nicht $\mathscr{D}^\nu F = 0$ bzw. $\triangle^\nu F = 0$.

Die Zahl

$$(82) \qquad\qquad m = k\, r - 2 p$$

nennen wir den **Index** der Funktion $F$. Für diesen ziehen die eben formulierten Regeln nach sich:

$$(82\,\mathrm{a}) \qquad
\begin{aligned}
m(\mathscr{D} F) &= m(F) + 2, & m(\triangle F) &= m(F) - 2 ; \\
m(\mathscr{D}^\nu F) &= m(F) + 2\nu, & m(\triangle^\nu F) &= m(F) - 2\nu.
\end{aligned}$$

Ist $\mathscr{D} F = 0$, so liegt eine Semiinvariante vor, und dann ist $m(F) \geqq 0$. Aus (73) und (74) folgt jetzt:

$$(83) \qquad\qquad \triangle^m F \neq 0, \qquad \triangle^{m+1} F = 0,$$

denn $\dfrac{1}{m!} \triangle^m F$ wird bei Vertauschung der Variablen $x$ und $y$ Leitglied der zu $F$ gehörigen Kovariante, darf also nicht verschwinden, wenn $F \neq 0$.

2) Es gilt die Formel:

$$(84) \qquad\qquad (\mathscr{D}\triangle - \triangle\mathscr{D}) F = m\, F.$$

Sie ließe sich rein rechnerisch ohne Mühe nachweisen, doch werde hier der Beweis auf eine allgemeinere Betrachtung aufgebaut, die auch anderweitig von Interesse ist. $\mathscr{D}$ und $\triangle$ sind lineare homogene Differentiationsprozesse erster Ordnung. Der allgemeine Typus eines solchen ist:

$$\mathscr{A}F = \sum_{\lambda=0}^{k} \varphi_\lambda(a)\,\frac{\partial F}{\partial a_\lambda},$$

wo die $\varphi_\lambda(a)$ homogene Polynome gleichen Grades in den $a_\varkappa$ sind. Außerdem liege noch ein zweiter solcher Prozeß vor:

$$\mathscr{B}F = \sum_{\lambda=0}^{k} \psi_\lambda(a)\,\frac{\partial F}{\partial a_\lambda}.$$

Bildet man nun $\mathscr{A}\mathscr{B}F$ oder $\mathscr{B}\mathscr{A}F$, so sind das Differentialausdrücke 2. Ordnung. Dagegen gilt, wie wir sogleich zeigen werden: $(\mathscr{A}\mathscr{B} - \mathscr{B}\mathscr{A})F$ ist wieder ein Prozeß 1. Ordnung:

$$(\mathscr{A}\mathscr{B} - \mathscr{B}\mathscr{A})F = \sum_{\lambda=0}^{k} \chi_\lambda(a)\,\frac{\partial F}{\partial a_\lambda}.$$

Man nennt $\mathscr{A}\mathscr{B} - \mathscr{B}\mathscr{A}$ den durch $\mathscr{A}$ und $\mathscr{B}$ bestimmten Klammerausdruck und schreibt einfach:

$$\mathscr{A}\mathscr{B} - \mathscr{B}\mathscr{A} = (\mathscr{A}, \mathscr{B}).$$

Nach Definition von $\mathscr{A}$ und $\mathscr{B}$ ist:

$$\mathscr{A}\mathscr{B}F = \sum_{\varkappa=0}^{k} \varphi_\varkappa \frac{\partial}{\partial a_\varkappa} \sum_{\lambda=0}^{k} \psi_\lambda \frac{\partial F}{\partial a_\lambda}$$

$$= \sum_{\varkappa=0}^{k} \varphi_\varkappa \sum_{\lambda=0}^{k} \left( \frac{\partial \psi_\lambda}{\partial a_\varkappa}\,\frac{\partial F}{\partial a_\lambda} + \psi_\lambda\,\frac{\partial^2 F}{\partial a_\lambda\,\partial a_\varkappa} \right).$$

Entsprechend findet man:

$$\mathscr{B}\mathscr{A}F = \sum_{\lambda=0}^{k} \psi_\lambda \sum_{\varkappa=0}^{k} \left( \frac{\partial \varphi_\varkappa}{\partial a_\lambda}\,\frac{\partial F}{\partial a_\varkappa} + \varphi_\varkappa\,\frac{\partial^2 F}{\partial a_\varkappa\,\partial a_\lambda} \right).$$

Man sieht, daß sich bei der Subtraktion die Glieder 2. Ordnung herausheben. Für $\chi_\lambda$ findet man:

$$\chi_\lambda = \sum_{\varkappa=0}^{k} \left( \varphi_\varkappa\,\frac{\partial \psi_\lambda}{\partial a_\varkappa} - \psi_\varkappa\,\frac{\partial \varphi_\lambda}{\partial a_\varkappa} \right).$$

Wenden wir dieses Resultat speziell auf unsere Prozesse $\mathscr{D}$ und $\triangle$ an, so ist zu setzen:

$$\mathscr{A} = \mathscr{D}, \qquad \varphi_\varkappa = \varkappa\, a_{\varkappa-1} \qquad (\varkappa = 1, \ldots, k), \qquad \varphi_0 = 0,$$

$$\mathscr{B} = \triangle, \qquad \psi_\varkappa = (k - \varkappa)\, a_{\varkappa+1} \qquad (\varkappa = 0, \ldots, k-1), \qquad \psi_k = 0,$$

und man erhält:

$$(\mathscr{D},\triangle)\,F = \sum_{\lambda=0}^{k} \chi_\lambda \frac{\partial F}{\partial a_\lambda}$$

mit

$$\chi_\lambda = (\lambda + 1)\, a_\lambda (k - \lambda) - (k - \lambda + 1)\, a_\lambda\, \lambda = (k - 2\lambda)\, a_\lambda.$$

Somit ist:

$$(\mathscr{D},\,\triangle)\,F = \sum_{\lambda=0}^{k} (k - 2\lambda)\, a_\lambda F_\lambda = k \sum_{\lambda=0}^{k} a_\lambda F_\lambda - 2 \sum_{\lambda=0}^{k} \lambda\, a_\lambda F_\lambda.$$

Die erste Summe ist nach dem Eulerschen Satz über homogene Funktionen gleich $r\,F$. Die zweite berechnen wir für ein einzelnes Potenzprodukt $P = a_0^{\mu_0}\, a_1^{\mu_1} \cdots a_k^{\mu_k}$; es ist:

$$\lambda\, a_\lambda P_\lambda = \lambda\, \mu_\lambda P, \quad \text{also:} \quad \sum_{\lambda=1}^{k} \lambda\, a_\lambda P_\lambda = P \sum_{\lambda=1}^{k} \lambda\, \mu_\lambda = p\, P.$$

Somit ist auch

$$\sum_{\lambda=0}^{k} \lambda\, a_\lambda F_\lambda = p\, F$$

und daher:

$$(\mathscr{D},\triangle)\,F = (k\,r - 2p)\,F = m\,F, \qquad\qquad \text{w. z. b. w.}$$

3) Diese Formel läßt sich verallgemeinern: Für eine beliebige natürliche Zahl $\varkappa$ gilt (wenn wir $\triangle^0 F = \mathscr{D}^0 F = F$ setzen):

$$(84\,\mathrm{a}) \qquad (\mathscr{D}\triangle^\varkappa - \triangle^\varkappa \mathscr{D})\,F = \varkappa\,(m - \varkappa + 1)\,\triangle^{\varkappa-1}\,F$$

und ebenso:

$$(84\,\mathrm{b}) \qquad (\triangle\,\mathscr{D}^\varkappa - \mathscr{D}^\varkappa \triangle)\,F = \varkappa\,(-m - \varkappa + 1)\,\mathscr{D}^{\varkappa-1}\,F.$$

Wir beweisen die erste der beiden Formeln durch Schluß von $\varkappa$ auf $\varkappa + 1$. Sie ist richtig für $\varkappa = 1$, da sie dann mit (84) identisch ist. Wir wenden (84) auf $\triangle^\varkappa F$ an. Dabei ist statt $m$ zu schreiben $m - 2\varkappa$ (vgl. (82a)). Es folgt also:

$$\mathscr{D}\triangle^{\varkappa+1} - \triangle\,\mathscr{D}\triangle^\varkappa = (m - 2\varkappa)\,\triangle^\varkappa.$$

Das zweite Glied links formen wir mittels der zu beweisenden und für $\varkappa$ als gültig angenommenen Formel um und erhalten:

$$\mathscr{D}\,\triangle^{\varkappa+1} - \triangle^{\varkappa+1}\,\mathscr{D} = (m - 2\varkappa)\,\triangle^\varkappa + \varkappa\,(m - \varkappa + 1)\,\triangle^\varkappa$$

$$= (\varkappa + 1)\,(m - \varkappa)\,\triangle^\varkappa, \qquad\qquad \text{w. z. b. w.}$$

Ganz entsprechend beweist man (84b).

4) Es sei $F$ eine beliebige homogene isobare Funktion der $a_\varkappa$ mit Gewicht $p$ und Index $m$. Wir bilden den Ausdruck:

$$
\begin{aligned}
(85) \qquad [F] = F &- \frac{1}{m+2}\,\Delta\,\mathscr{D}F + \frac{1}{2!\,(m+2)\,(m+3)}\,\Delta^2\mathscr{D}^2 F + \cdots + \\
&+ (-1)^q\,\frac{1}{q!\,(m+2)\cdots(m+q+1)}\,\Delta^q\mathscr{D}^q F + \cdots .
\end{aligned}
$$

Er enthält nur endlich viele Glieder, denn das Gewicht von $\mathscr{D}^q F$ ist (falls nicht $\mathscr{D}^q F \equiv 0$) nach (81) gleich $p - q$, also das von $\mathscr{D}^p F$ gleich 0, d. h., $\mathscr{D}^p F$ ist eine Potenz von $a_0$, und nochmalige Anwendung des $\mathscr{D}$-Prozesses liefert 0, so daß also höchstens $p + 1$ Glieder auftreten. Ferner sieht man, daß $[F]$ homogen und isobar ist, sowie, daß alle Glieder auf der rechten Seite von (85) vom selben Index sind; das folgt sofort aus (81) bzw. (82a).

Wir behaupten nun: $[F]$ *ist eine Semiinvariante.* Zum Beweis setzen wir die homogene isobare Funktion $G$ an, die ganz wie $[F]$ gebildet ist, nur daß wir die Koeffizienten unbestimmt lassen:

$$
G = F + \alpha_1\,\Delta\,\mathscr{D}F + \alpha_2\,\Delta^2\mathscr{D}^2 F + \cdots .
$$

Wir versuchen, die $\alpha$ so zu bestimmen, daß $G$ eine Semiinvariante wird, wozu notwendig und hinreichend ist, daß $\mathscr{D}G = 0$ erfüllt ist, d. h.:

$$
\mathscr{D}G = \mathscr{D}F + \alpha_1\,\mathscr{D}\Delta\,\mathscr{D}F + \alpha_2\,\mathscr{D}\Delta^2\mathscr{D}^2 F + \cdots = 0 .
$$

Wir formen das allgemeine Glied $\alpha_\nu\,\mathscr{D}\Delta^\nu\,\mathscr{D}^\nu F$ nach (84a) um, indem wir diese Formel auf $\mathscr{D}^\nu F$ anwenden. Dann ist für $m$ zu setzen $m + 2\nu$, und man erhält:

$$
\alpha_\nu\,\mathscr{D}\,\Delta^\nu(\mathscr{D}^\nu F) = \alpha_\nu\,\Delta^\nu\,\mathscr{D}^{\nu+1} F + \alpha_\nu\,\nu\,(m + \nu + 1)\,\Delta^{\nu-1}\mathscr{D}^\nu F .
$$

Jetzt sind alle Glieder von der Form:

$$
\text{const }\Delta^\lambda\,\mathscr{D}^{\lambda+1} F, \quad \lambda \geqq 0 .
$$

Wir fassen die Glieder mit übereinstimmendem $\lambda$ zusammen und finden für das allgemeine Glied:

$$
\big(\alpha_\lambda + \alpha_{\lambda+1}(\lambda + 1)\,(m + \lambda + 2)\big)\,\Delta^\lambda\,\mathscr{D}^{\lambda+1} F, \quad \lambda = 0, 1, 2, \ldots .
$$

$\alpha_0$ ist gleich 1 zu setzen. Die Forderung $\mathscr{D}G = 0$ wird erfüllt, wenn der Koeffizient jedes solchen Gliedes verschwindet. Auf diese Weise finden wir Rekursionsformeln, die $\alpha_{\lambda+1}$ aus $\alpha_\lambda$ zu berechnen gestatten. Es ist

$$
\alpha_{\lambda+1} = -\frac{\alpha_\lambda}{(\lambda + 1)\,(m + \lambda + 2)} .
$$

In independenter Darstellung findet man:

$$\alpha_0 = 1, \quad \alpha_1 = -\frac{1}{m+2}, \quad \alpha_2 = \frac{1}{2!\,(m+2)\,(m+3)}, \quad \cdots,$$

$$\alpha_q = \frac{(-1)^q}{q!\,(m+2)\,(m+3)\cdots(m+q+1)}, \quad \cdots,$$

und diese Koeffizienten stimmen mit denen von $[F]$ überein.

*Geht man von einer Funktion F vom Index 0 aus, so ist $[F]$ nach Satz 2.15. eine Invariante.*

5) Wir behaupten: Jede homogene isobare Funktion $F$ läßt sich folgendermaßen ausdrücken:

$$(86) \qquad F = \beta_0 [F] + \beta_1 \triangle [\mathscr{D} F] + \beta_2 \triangle^2 [\mathscr{D}^2 F] + \cdots .$$

Auch dieser Ausdruck muß nach endlich vielen Gliedern abbrechen, aus demselben Grunde wie $[F]$. Wir schreiben nun an Hand von (85) zeilenweise auf, welche Ausdrücke in den einzelnen Gliedern der rechten Seite vorkommen:

$$
\begin{array}{lllll}
[F]: & F, & \triangle\,\mathscr{D}\,F, & \triangle^2\,\mathscr{D}^2\,F, & \triangle^3\,\mathscr{D}^3\,F, \quad \ldots \\
\triangle\,[\mathscr{D}\,F]: & & \triangle\,\mathscr{D}\,F, & \triangle^2\,\mathscr{D}^2\,F, & \triangle^3\,\mathscr{D}^3\,F, \quad \ldots \\
\triangle^2\,[\mathscr{D}^2\,F]: & & & \triangle^2\,\mathscr{D}^2\,F, & \triangle^3\,\mathscr{D}^3\,F, \quad \ldots \quad \text{usw.}
\end{array}
$$

Wir setzen $\beta_0 = 1$; dann ist (86) befriedigt, wenn die Summe aller Glieder jeder Spalte von der zweiten ab verschwindet. Gemäß dieser Forderung berechnet man an Hand der zweiten Spalte $\beta_1$ aus $\beta_0$, an Hand der dritten Spalte $\beta_2$ aus $\beta_1$ und $\beta_0$ usw. Auf die Werte der $\beta$ kommt es uns nicht an, es genügt, die Möglichkeit der Darstellung (86) einzusehen.

6) Es sei $p \leqq \dfrac{k\,r}{2}$ und es mögen irgendwelche Semiinvarianten vom Grade $r$ in endlicher Anzahl vorliegen

$$H_\alpha, \quad H_\beta, \quad H_\gamma, \quad \ldots$$

mit bzw. den Gewichten

$$p - \alpha, \quad p - \beta, \quad p - \gamma, \quad \ldots .$$

Die Zahlen $\alpha, \beta, \gamma, \ldots$ sollen dabei eine absteigende Folge bilden:

$$p \geqq \alpha > \beta > \gamma > \cdots \geqq 0.$$

Wir behaupten: Die Funktionen

$$\triangle^\alpha H_\alpha, \quad \triangle^\beta H_\beta, \quad \triangle^\gamma H_\gamma, \quad \ldots$$

sind linear unabhängig, d. h., die Beziehung

$$(87) \qquad c_\alpha \triangle^\alpha H_\alpha + c_\beta \triangle^\beta H_\beta + c_\gamma \triangle^\gamma H_\gamma + \cdots = 0$$

kann nur bestehen, wenn $c_\alpha = c_\beta = c_\gamma = \cdots = 0$ ist.

Das folgt aus einer allgemeinen Betrachtung: $H_\nu$ sei irgendeine Semiinvariante vom Gewicht $p - \nu$. Wir bilden $\triangle^\mu H_\nu$, wobei $\mu$ irgendeine ganze Zahl bedeutet, die der Ungleichung $0 \leq \mu \leq m(H_\nu) = m + 2\nu$ genügt mit $m = k\,r - 2p$. Nach (83) ist $\triangle^\mu H_\nu \neq 0$. Wir zeigen: Es ist auch

$$\mathscr{D}^\mu \triangle^\mu H_\nu \neq 0,$$

während

$$\mathscr{D}^{\mu+1} \triangle^\mu H_\nu = 0$$

ist. Für $\mu = 0$ ist das nach Satz 2.14. sicher richtig. Angenommen es gelte schon für ein gewisses $\mu - 1 \geq 0$ $(\mu \leq m + 2\nu)$. Wir zeigen, daß es dann auch für $\mu$ gilt. Zu diesem Zweck ziehen wir (84a) S. 68 mit $\varkappa = \mu$ heran und setzen dort $H_\nu$ für $F$; dann verschwindet das zweite Glied links wegen $\mathscr{D} H_\nu = 0$ und es bleibt:

$$(87\,\mathrm{a}) \qquad \mathscr{D} \triangle^\mu H_\nu = \mu(m + 2\nu - \mu + 1)\,\triangle^{\mu-1} H_\nu.$$

Hierauf wenden wir $\mathscr{D}^{\mu-1}$ an und finden:

$$\mathscr{D}^\mu \triangle^\mu H_\nu = \mu(m + 2\nu - \mu + 1)\,\mathscr{D}^{\mu-1} \triangle^{\mu-1} H_\nu.$$

Wegen $\mu \leq m + 2\nu$ ist die Klammer rechts von 0 verschieden; ebenso nach Voraussetzung $\mu$ und $\mathscr{D}^{\mu-1} \triangle^{\mu-1} H_\nu$, also auch $\mathscr{D}^\mu \triangle^\mu H_\nu$. Unterwerfen wir dagegen die linke und rechte Seite in (87a) dem Prozeß $\mathscr{D}^\mu$, so verschwindet nach Voraussetzung die rechte Seite, also auch die linke.

Nun wende man $\mathscr{D}^\alpha$ auf (87) an. Die Voraussetzung

$$\alpha \leq m(H_\alpha) = k r - 2p + 2\alpha$$

ist erfüllt wegen

$$k r - 2p \geq 0.$$

Dann bleibt nach dem eben Bewiesenen links nur $c_\alpha \, \mathscr{D}^\alpha \triangle^\alpha H_\alpha$ stehen, wobei $\mathscr{D}^\alpha \triangle^\alpha H_\alpha \neq 0$; also ist $c_\alpha = 0$. Auf den verbleibenden Ausdruck wendet man $\mathscr{D}^\beta$ an und findet $c_\beta = 0$ usw.

7) Setzen wir bei festem $k$ und $r$

$$N(k, r, p) = N_p \quad \text{bei} \quad p \leq \frac{kr}{2},$$

so ist der Cayley-Sylvestersche Satz bewiesen, wenn gezeigt ist, daß

$$(88) \qquad N_0 + N_1 + \cdots + N_p = A(k, r, p).$$

Denn setzen wir dieselbe Gleichung für $p - 1$ an und subtrahieren diese von der letzten, so erhalten wir (80). (88) ist sicher richtig für $p = 0$, da $a_0^r$ — das einzige Potenzprodukt $r$-ten Grades vom Gewicht 0 — eine Semiinvariante ist. Wir setzen: $n = N_0 + N_1 + \cdots + N_p$.

Für alle Zahlen von 0 bis $p$ stellen wir je ein vollständiges System von linear unabhängigen Semiinvarianten auf. Die Gesamtheit, die wir so gewinnen, sei

$$S_1, S_2, \ldots, S_n.$$

Diese sind sicher linear unabhängig; denn wäre ein aus ihnen gebildeter linearer homogener Ausdruck 0, so müßten sich immer die Glieder gleichen Gewichts unter sich herausheben, was wider die Voraussetzung verstößt. Es sei $p - \alpha'$ das Gewicht von $S_\alpha$, wobei $0 \leq \alpha' \leq p$. Wir bilden

$$T_\alpha = \triangle^{\alpha'} S_\alpha.$$

Die $n$ Funktionen $T_1, T_2, \ldots, T_n$ sind nach (81) alle vom Gewicht $p$. Sie sind linear unabhängig voneinander; denn in irgendeinem aus ihnen gebildeten linearen homogenen Ausdruck können wir diejenigen Glieder, die zum selben $\alpha'$ gehören, zusammenfassen. Eine solche Linearkombination geht aber aus der entsprechenden in den $S_\alpha$ hervor durch Anwendung von $\triangle^{\alpha'}$. Die Linearkombinationen $H_{\alpha'}$ der $S_\alpha$ können wir nun als die $H_\alpha, H_\beta, \ldots$ der letzten Nummer auffassen; denn eine Linearkombination von Semiinvarianten gleichen Grades und gleichen Gewichtes ist wieder eine solche. Die lineare Beziehung zwischen den $T_\alpha$ wäre also gleichbedeutend mit einer solchen zwischen den $\triangle^{\alpha'} H_{\alpha'}$, die aber nach 6) nicht möglich ist, ohne daß sämtliche Koeffizienten verschwinden; denn auch die $H_{\alpha'}$ selbst verschwinden nicht, da das ja eine lineare Abhängigkeit der $S_\alpha$ untereinander bedeuten würde.

Jetzt sieht man sofort:

$$n \leq A(k, r, p).$$

Denn die $n$ linear unabhängigen Funktionen $T_1, \ldots, T_n$ vom Grade $r$ und vom Gewicht $p$ müssen unter der Gesamtheit der linear unabhängigen Funktionen dieser Art vorkommen.

Es bleibt also noch zu zeigen:

$$n \geq A(k, r, p).$$

Das folgern wir aus 5). Die Ausdrücke $[F]$, $[\mathscr{D}F]$, $[\mathscr{D}^2 F]$, $\ldots$ sind, falls sie nicht identisch verschwinden, Semiinvarianten bzw. vom Gewicht $p$, $p - 1$, $p - 2$, $\ldots$, gemäß dem unter 4) Gezeigten, und damit als Linearkombinationen der $S_1, \ldots, S_n$ darstellbar. Somit sind die Ausdrücke

$$[F], \quad \triangle[\mathscr{D}F], \quad \triangle^2[\mathscr{D}^2 F], \quad \ldots$$

in dem linearen Gebilde der $T$ enthalten. Andererseits läßt sich jede der $A(k, r, p)$ linear unabhängigen Funktionen $F$ vom Grade $r$ und vom Gewicht $p$ nach (86) als Linearkombination dieser Ausdrücke und somit als Linearkombination der $T$ darstellen. Unter den $T_1, \ldots, T_n$ müssen somit mindestens $A(k, r, p)$ linear unabhängige enthalten sein, und damit sind wir am Ziel.

Nur beim letzten Schritt des Beweises wurde von den Nummern 4) und 5) Gebrauch gemacht. Dieser Schritt läßt sich aber auch auf wesentlich einfachere Art vollziehen, wenn man auf das S. 66 Gesagte zurückgreift. Schreibt man nämlich (80a) für alle Gewichte von 0 bis $p$ an und addiert diese Gleichungen, so folgt sofort:

$$n = N_0 + N_1 + \cdots + N_p \geqq A(k, r, p),$$

und das ist das, was wir beim letzten Schritt bewiesen haben.

## § 7. Der Cayleysche Abzählungskalkül

Nach dem Ergebnis des vorigen Paragraphen handelt es sich jetzt für uns darum, die Zahl $A(k, r, p)$ möglichst einfach zu charakterisieren. Das ist sehr elegant auf analytischem Wege zu bewerkstelligen. Wir operieren mit zwei komplexen Veränderlichen $x$ und $z$ mit $|x| < 1$, $|z| < 1$ und bilden den Ausdruck:

$$(89) \qquad \frac{1}{(1-z)(1-xz)(1-x^2z)\cdots(1-x^kz)} = \varphi(x, z).$$

Wir entwickeln jeden Faktor $(1 - x^\varkappa z)^{-1}$, $\varkappa = 0, 1, \ldots, k$, in eine geometrische Reihe:

$$\frac{1}{1 - x^\varkappa z} = \sum_{\lambda_\varkappa = 0}^{\infty} (x^\varkappa z)^{\lambda_\varkappa}.$$

Das allgemeine Glied der Produktreihe, die man durch Ausmultiplizieren dieser Reihen erhält, lautet:

$$x^{\lambda_1 + 2\lambda_2 + \cdots + k\lambda_k} z^{\lambda_0 + \lambda_1 + \cdots + \lambda_k}, \qquad 0 \leqq \lambda_0, \lambda_1, \ldots, \lambda_k < \infty.$$

Dabei treten alle Kombinationen der $\lambda$ auf. Ein Glied $x^p z^r$ bei festem $p$ und $r$ tritt also genau so oft auf, als nicht negative Lösungen der beiden diophantischen Gleichungen

$$\lambda_1 + 2\lambda_2 + \cdots + k\lambda_k = p,$$

$$\lambda_0 + \lambda_1 + \lambda_2 + \cdots + \lambda_k = r$$

vorhanden sind. Die Anzahl dieser Lösungen ist aber unsere Zahl $A(k, r, p)$ (vgl. S. 65). Somit ist:

$$(89a) \qquad \varphi(x, z) = \sum_{p, r = 0}^{\infty} A(k, r, p) x^p z^r.$$

Wir können nun aber $\varphi(x, z)$ auch nach Potenzen von $z$ allein entwickeln, wobei dann die Koeffizienten Funktionen von $x$ sind:

$$(89b) \qquad \varphi(x, z) = \sum_{r = 0}^{\infty} \varphi_r(x) z^r.$$

Vergleich mit (89a) zeigt, daß

$$(90) \qquad \varphi_r(x) = \sum_{p=0}^{\infty} A(k, r, p)\, x^p.$$

Diese Summe besteht nur formal aus unendlich vielen Gliedern, denn für hinreichend großes $p$ (etwa für $p > k\,r$) ist $A(k, r, p) = 0$.

Somit sind die $\varphi_r$ Polynome. Diese können wir aber noch auf andere Art berechnen. Wir ersetzen in (89) $z$ durch $x\,z$. Dann treten im Nenner die gleichen Faktoren auf wie in (89), nur $1 - z$ fehlt und $1 - x^{k+1}\,z$ tritt neu hinzu, d. h.

$$\varphi(x, x z) = \frac{1 - z}{1 - x^{k+1}\,z}\, \varphi(x, z).$$

Entwickeln wir $\varphi$ auf beiden Seiten gemäß (89b), so kommt:

$$(1 - x^{k+1}\,z) \sum_{r=0}^{\infty} \varphi_r\, x^r\, z^r = (1 - z) \sum_{r=0}^{\infty} \varphi_r\, z^r.$$

Wir vergleichen die Koeffizienten von $z^r$ auf beiden Seiten und finden so:

$$x^r\, \varphi_r - x^{k+r}\, \varphi_{r-1} = \varphi_r - \varphi_{r-1} \qquad (\varphi_{-1} = 0),$$

oder:

$$\varphi_r = \frac{x^{k+r} - 1}{x^r - 1}\, \varphi_{r-1} \qquad (r \geqq 1).$$

Das ist eine Rekursionsformel zur Berechnung der $\varphi_r$. Dabei ist offenbar $\varphi_0 = 1$ zu setzen. In independenter Darstellung findet man:

$$(90\,\mathrm{a}) \qquad \varphi_0 = 1; \quad \varphi_r = \frac{(1 - x^{k+1})(1 - x^{k+2}) \cdots (1 - x^{k+r})}{(1 - x)(1 - x^2) \cdots (1 - x^r)} \quad \text{für} \quad r \geqq 1.$$

$\varphi_r$ erscheint hier als gebrochene Funktion, jedoch wissen wir schon, daß es ein Polynom sein muß. Die Division des Nenners in den Zähler muß also aufgehen.

Nach (90) hat man jetzt zur Berechnung von $A(k, r, p)$ so zu verfahren: Man bilde $\varphi_r$ gemäß (90a), entwickle es nach Potenzen von $x$, dann ergibt sich $A(k, r, p)$ als Koeffizient von $x^p$.

Das Bildungsgesetz von $\varphi_r$ erinnert an das der Binomialkoeffizienten. Wir führen daher auch eine entsprechende Schreibweise ein: Sind $n \geqq m > 0$ zwei positive ganze Zahlen, so definieren wir:

$$(91) \qquad \begin{bmatrix} n \\ m \end{bmatrix} = \frac{(1 - x^n)(1 - x^{n-1}) \cdots (1 - x^{n-m+1})}{(1 - x)(1 - x^2) \cdots (1 - x^m)}.$$

Diese Definition ergänzen wir noch durch

$$(91\,\mathrm{a}) \qquad \begin{bmatrix} n \\ 0 \end{bmatrix} = 1.$$

Dann ist:

$$(90\,\mathrm{b}) \qquad \varphi_r = \begin{bmatrix} k + r \\ r \end{bmatrix}.$$

Durch den Grenzübergang $x \to 1$ erhalten wir aus (91) den Binomialkoeffizienten $\begin{pmatrix} n \\ m \end{pmatrix}$:

$$\begin{bmatrix} n \\ m \end{bmatrix}_{x \to 1} = \begin{pmatrix} n \\ m \end{pmatrix}.$$

Die Rekursionsformel der Binomialkoeffizienten

$$\begin{pmatrix} n \\ m \end{pmatrix} = \begin{pmatrix} n-1 \\ m-1 \end{pmatrix} + \begin{pmatrix} n-1 \\ m \end{pmatrix}$$

hat als Gegenstück:

(91 b) $$\begin{bmatrix} n \\ m \end{bmatrix} = \begin{bmatrix} n-1 \\ m-1 \end{bmatrix} + x^m \begin{bmatrix} n-1 \\ m \end{bmatrix}.$$

Zum Beweise setzen wir

$$P_m = (1-x)(1-x^2)\cdots(1-x^m);$$

dann ist zu zeigen:

$$\frac{P_n}{P_m P_{n-m}} = \frac{P_{n-1}}{P_{m-1} P_{n-m}} + x^m \frac{P_{n-1}}{P_m P_{n-m-1}},$$

was man sofort bestätigt, indem man die rechte Seite auf einen Nenner bringt.

Ferner ist ohne weiteres ersichtlich, daß

(91 c) $$\begin{bmatrix} n \\ m \end{bmatrix} = \begin{bmatrix} n \\ n-m \end{bmatrix}.$$

Die Polynome $\begin{bmatrix} n \\ m \end{bmatrix}$ nennt man auch die **Gaußschen Polynome**.

Bildet man

$$(1-x) \begin{bmatrix} k+r \\ r \end{bmatrix},$$

so ist der Koeffizient von $x^p$ offenbar

$$A(k, r, p) - A(k, r, p-1),$$

also gleich der Anzahl der linear unabhängigen Semiinvarianten. Wir führen die Schreibweise ein:

(92) $$(1-x) \begin{bmatrix} n \\ m \end{bmatrix} = \begin{bmatrix} n \\ m \end{bmatrix}^*,$$

also:

$$\begin{bmatrix} n \\ m \end{bmatrix}^* = \frac{(1-x^n)(1-x^{n-1})\cdots(1-x^{n-m+1})}{(1-x^2)\cdots(1-x^m)}.$$

Durch Anfügen von $p$ als Index deuten wir an, daß der Koeffizient von $x^p$ zu nehmen ist. Also ist:

(92a) $$N(k, r, p) = \begin{bmatrix} k+r \\ r \end{bmatrix}^*_p.$$

Somit gilt:

**Satz 2.22.** *Die Anzahl der linear unabhängigen Semiinvarianten einer binären Form k-ten Grades vom Grade r und Gewicht p ist gleich dem Koeffizienten von $x^p$ in der Entwicklung von*

$$\left[ \begin{matrix} k + r \\ r \end{matrix} \right]^* = \frac{\prod\limits_{\varkappa = k+1}^{k+r} (1 - x^{\varkappa})}{\prod\limits_{\varrho = 2}^{r} (1 - x^{\varrho})}$$

*nach Potenzen von $x$.*

Aus der Formel (91 c) folgt sofort der interessante

**Satz 2.23. (Hermitesches Reziprozitätsgesetz):** *Hat $N(k, r, p)$ die in Satz 2.21. erklärte Bedeutung, so gilt:*

$$N(k, r, p) = N(r, k, p).$$

Bei diesen invariantentheoretischen Anwendungen ist stets die Voraussetzung $p \leq \dfrac{kr}{2}$ zu beachten, da nur dann Semiinvarianten existieren.

## § 8. Die Invarianten und Kovarianten der Formen 2., 3. und 4. Grades

Wir wollen jetzt spezielle Anwendungen des Abzählungskalküls machen, und zwar indem wir das Invarianten- und Kovariantenproblem für binäre Formen 2. bis 6. Grades betrachten. Für Formen bis zum 4. Grad werden wir eine Basis aller Kovarianten aufstellen; dagegen beschränken wir uns bei den Formen 5. und 6. Grades darauf, dasselbe für die Invarianten zu tun.

Den Fall $k = 2$ hatten wir in Satz 2.16. erledigt: Die Form selbst und ihre Diskriminante bilden eine Basis des Kovariantensystems. Wir wollen dieses Resultat jetzt mit den neuen Hilfsmitteln nochmal herleiten. Um die Anzahl der Kovarianten von bestimmtem Grad $r$ und Gewicht $p$ festzustellen, haben wir zu bilden:

$$N(2, r, p) = N(r, 2, p) = \left[ \begin{matrix} r + 2 \\ 2 \end{matrix} \right]^*_p = \left. \frac{(1 - x^{2+r})(1 - x^{1+r})}{(1 - x^2)} \right|_p.$$

Es interessieren uns nur die Fälle $p \leq r$, da nach der Gewichtsregel $2r - 2p = m \geq 0$. Entwickeln wir aber den letzten Ausdruck nach Potenzen von $x$, so liefern alle Glieder im Zähler, ausgenommen die 1, nur Glieder von einer Ordnung größer als $r$. Es ist also:

$$N(2, r, p) = \left. \frac{1}{(1 - x^2)} \right|_p = 1 + x^2 + x^4 + \cdots \Big|_p.$$

Somit existieren Kovarianten nur für gerades $p$, und dann nur je eine. Man weiß aber, daß $A = a_0$ und $B = a_0 a_2 - a_1^2$ Semiinvarianten sind.

In dem Ausdruck $A^\alpha B^\beta$ hat man eine Semiinvariante vom Grade $r = \alpha + 2\beta$ und vom Gewicht $p = 2\beta$.

Sind $r$ und $p$ vorgegeben ($p$ geradzahlig), so erhält man mit $\alpha = r - p$, $\beta = \dfrac{p}{2}$ eine Semiinvariante vom Grad $r$ und Gewicht $p$, und dies ist die einzige zu dem vorgegebenen Wertepaar $r, p$ ($p$ gerade). Somit lassen sich alle Semiinvarianten durch $A$ und $B$ ausdrücken, w. z. b. w.

Ähnlich behandeln wir die Fälle höheren Grades.

Für $k = 3$ können wir leicht folgende vier Kovarianten aufstellen, die wir durch Einführung passender konstanter Faktoren normieren:

1) Die Form selbst:

$$f = a_0 \, x^3 + 3 \, a_1 \, x^2 \, y + 3 \, a_2 \, x \, y^2 + a_3 \, y^3.$$

Leitglied: $a_0$;    $r = 1$,    $p = 0$.

2) Die Hessesche Kovariante (vgl. S. 22 u. 43):

$$h = (a_0 \, a_2 - a_1^2) \, x^2 + (a_0 \, a_3 - a_1 \, a_2) \, x \, y + (a_1 \, a_3 - a_2^2) \, y^2.$$

Leitglied: $a_0 \, a_2 - a_1^2$;    $r = 2$,    $p = 2$.

3) Die Jacobische Determinante von $f$ und $h$ (vgl. S. 24 und Satz 1.16.):

$$j = \frac{1}{3} \begin{vmatrix} \dfrac{\partial f}{\partial x} & \dfrac{\partial f}{\partial y} \\[2ex] \dfrac{\partial h}{\partial x} & \dfrac{\partial h}{\partial y} \end{vmatrix}$$

oder:

$$j = (a_0^2 \, a_3 - 3 \, a_0 \, a_1 \, a_2 + 2 \, a_1^3) \, x^3 + 3 \, (a_0 \, a_1 \, a_3 - 2 \, a_0 \, a_2^2 + a_1^2 \, a_2) \, x^2 \, y -$$
$$- 3 \, (a_0 \, a_2 \, a_3 - 2 \, a_1^2 \, a_3 + a_1 \, a_2^2) \, x \, y^2 - (a_0 \, a_3^2 - 3 \, a_1 \, a_2 \, a_3 + 2 \, a_2^3) \, y^3.$$

Leitglied: $a_0^2 \, a_3 - 3 \, a_0 \, a_1 \, a_2 + 2 \, a_1^3$;    $r = 3$,    $p = 3$.

4) Die Diskriminante (die Basis des Invariantensystems, s. Satz 2.8.):

$$d = a_0^2 \, a_3^2 - 6 a_0 \, a_1 \, a_2 \, a_3 + 4 a_0 \, a_2^3 + 4 a_1^3 \, a_3 - 3 a_1^2 \, a_2^2.$$

Sie ist mit dem Leitglied identisch; $r = 4$, $p = 6$.

Wir behaupten nun:

**Satz 2.24.** *Für eine binäre Form 3. Grades*

$$f = \sum_{\varkappa = 0}^{3} \binom{3}{\varkappa} a_\varkappa \, x^{3 - \varkappa} \, y^\varkappa$$

*bilden die folgenden vier Kovarianten eine Basis des Kovariantensystems (vgl. die vorstehenden Nrn. 1) bis 4)): die Form $f$ selbst, die Hessesche Kovariante $h$, die Jacobische Determinante $j$ von $f$ und $h$ und die Diskriminante $d$. $f$, $h$ und $d$ sind voneinander unabhängig, dagegen läßt sich $j^2$ durch die drei anderen so ausdrücken:*

$$j^2 = f^2 d - 4 h^3.$$

*Beweis:* Zunächst zeigen wir: $f$, $h$ und $d$ sind voneinander algebraisch unabhängig. Setzen wir nämlich $a_1 = 0$, so werden die zugehörigen Leitglieder $a_0$, $a_0 a_2$, $a_0^2 a_3^2 + 4 a_0 a_2^3$ und diese können unabhängig voneinander beliebige Werte annehmen, wofern $a_0 \neq 0$. Somit sind die Leitglieder voneinander unabhängig, also auch die Kovarianten. Dagegen hängt $j$ von den drei anderen Kovarianten ab. $j^2$ ist nämlich vom Grade 6 und vom Gewicht 6. Vom selben Grade und Gewicht sind aber auch $f^2 d$ und $h^3$. Die Anzahl der linear unabhängigen Semiinvarianten vom Grade und Gewicht 6 ist:

$$N(3, 6, 6) = \left[ \begin{matrix} 9 \\ 3 \end{matrix} \right]^*_6 = \frac{(1 - x^9)(1 - x^8)(1 - x^7)}{(1 - x^2)(1 - x^3)} \bigg|_6$$

$$= \frac{1}{1 - x^2} \frac{1}{1 - x^3} \bigg|_6 = (1 + x^2 + x^4 + x^6 + \cdots)(1 + x^3 + x^6 + \cdots) \big|_6$$

und man findet: $N(3, 6, 6) = 2$.

Somit müssen $j^2$, $f^2 d$ und $h^3$ linear voneinander abhängen. Man findet leicht (etwa durch Vergleich der Glieder mit $x^6$) die in obigem Satz behauptete Beziehung.

Um nun den Nachweis zu führen, daß die vier Kovarianten eine Basis bilden, berechnen wir, wieviel linear unabhängige Kovarianten von gegebenem Grade $r$ sich durch diese vier ausdrücken lassen, und zeigen, daß diese Anzahl übereinstimmt mit der Anzahl aller linear unabhängigen Kovarianten dieses Grades.

Irgendeine mittels $f$, $h$, $d$ und $j$ ausgedrückte ganze rationale Funktion ist jedenfalls eine Summe von Potenzprodukten:

$$f^\alpha h^\beta d^\gamma j^\delta .$$

Da sich aber $j^2$ durch $f$, $h$, $d$ ausdrücken läßt, so sind nur folgende Typen von Potenzprodukten zu berücksichtigen:

(93) $$f^\alpha h^\beta d^\gamma ,$$

(93 a) $$f^\alpha h^\beta d^\gamma j .$$

Die Anzahl der linear unabhängigen Kovarianten vom Grade $r$, die sich durch $f$, $h$, $d$ und $j$ ausdrücken lassen, ist offenbar gleich der Anzahl der verschiedenen Potenzprodukte vom Grade $r$, die sich so bilden lassen. Der Grad von (93) ist:

$$\alpha + 2\beta + 4\gamma = r ,$$

der von (93 a):

$$\alpha + 2\beta + 4\gamma + 3 = r .$$

Die Anzahl der Potenzprodukte der Art (93), (93 a) vom Grade $r$ ist gleich der Summe der Anzahlen der nicht negativen Lösungen, die diese beiden diophantischen Gleichungen besitzen. Die Anzahl der Lösungen der ersten ist

$$\frac{1}{(1-x)(1-x^2)(1-x^4)}\bigg|_r,$$

was ebenso gezeigt wird wie (89a). Bei der zweiten steht aber nur $r-3$ statt $r$; also ist in der Entwicklung des obigen Ausdrucks der Koeffizient von $x^{r-3}$ gleich der Anzahl der Lösungen der zweiten Gleichung, oder in dem mit $x^3$ multiplizierten Ausdruck wieder der Koeffizient von $x^r$. Somit ist die Anzahl der linear unabhängigen Kovarianten vom Grade $r$, die sich durch obige vier ausdrücken lassen:

$$\frac{1+x^3}{(1-x)(1-x^2)(1-x^4)}\bigg|_r.$$

Nach dem Cayley-Sylvesterschen Satz (s. (88)) ist aber die Anzahl aller linear unabhängigen Kovarianten vom Grade $r$ (also mit beliebigem Gewicht) gleich $A(3,r,p)$, wo nach der Gewichtsregel $p$ die größte in $\frac{3r}{2}$ enthaltene ganze Zahl ist. Diese Anzahl ist nach (90), (90b):

$$A(3,r,p) = \left[\begin{matrix} 3+r \\ r \end{matrix}\right]_p.$$

Wir haben nun zwei Fälle zu unterscheiden, nämlich den eines geraden und den eines ungeraden $r$. Setzen wir im ersten Fall $r=2s$, so wird $p=3s$, und wir haben folgende Gleichung zu beweisen:

$$(94)\quad \frac{1+x^3}{(1-x)(1-x^2)(1-x^4)}\bigg|_{2s} = \frac{(1-x^{2s+3})(1-x^{2s+2})(1-x^{2s+1})}{(1-x)(1-x^2)(1-x^3)}\bigg|_{3s}.$$

Wir formen zunächst die rechte Seite um. Wir multiplizieren den Zähler aus und spalten den Bruch mit der 1 im Zähler ab. Der übrig bleibende Bruch enthält im Zähler nur Glieder, deren Exponent größer als $2s$ ist. Hier können wir also durch $x^{2s}$ dividieren und dann den Koeffizienten von $x^s$ nehmen. Außerdem können wir dann noch diejenigen Summanden im Zähler weglassen, deren Exponent größer als $s$ ist. Dann lautet also die rechte Seite:

$$\frac{1}{(1-x)(1-x^2)(1-x^3)}\bigg|_{3s} - \frac{x+x^2+x^3}{(1-x)(1-x^2)(1-x^3)}\bigg|_s.$$

Den zweiten Summanden kürzen wir durch $1+x+x^2$. Den ersten Summanden suchen wir auf eine Form zu bringen, in der es ebenfalls auf den Koeffizienten von $x^s$ ankommt. Das erreichen wir, indem wir den Bruch so erweitern, daß der Nenner ganz rational in $x^3$ wird. Alle Summanden des Zählers, deren Exponent dann nicht durch 3 teilbar ist, können unberücksichtigt bleiben, denn sie liefern bei der Entwicklung sicher kein Glied mit $x^{3s}$. Dann können wir aber formal $x$ für $x^3$ schreiben und $s$ statt $3s$. Der Faktor, mit dem wir zu erweitern haben, ist:

$$(1+x+x^2)(1+x^2+x^4) = 1+x^3+x^6+\cdots.$$

So erhalten wir für die rechte Seite in (94):

$$\left[\frac{1 + x + x^2}{(1 - x)(1 - x^2)(1 - x)} - \frac{x}{(1 - x)^2(1 - x^2)}\right]_s = \frac{1 + x^2}{(1 - x)^2(1 - x^2)}\bigg|_s .$$

Nun formen wir die linke Seite der zu beweisenden Gl. (94) um. Wir erweitern so, daß der Nenner nur noch von $x^2$ abhängt, also mit $1 + x$, und lassen im Zähler Glieder mit ungeradem Exponenten weg. Dann ersetzen wir $x^2$ durch $x$, $2s$ durch $s$ und erhalten schließlich:

$$\frac{1 + x^2}{(1 - x)^2(1 - x^2)}\bigg|_s ;$$

damit ist der Beweis für gerades $r$ fertig.

Die Rechnung für ungerades $r$, also für $r = 2s + 1$, verläuft ganz nach denselben Prinzipien und sei nur kurz angedeutet. Zu beweisen ist hier:

$$\frac{1 + x^3}{(1 - x)(1 - x^2)(1 - x^4)}\bigg|_{2s+1} = \frac{(1 - x^{2s+4})(1 - x^{2s+3})(1 - x^{2s+2})}{(1 - x)(1 - x^2)(1 - x^3)}\bigg|_{3s+1} .$$

Wir multiplizieren links mit $x$, rechts mit $x^2$, worauf wir $2s + 1$ durch $2(s + 1)$ und $3s + 1$ durch $3(s + 1)$ zu ersetzen haben. Von da ab stimmt die Rechnung Schritt für Schritt mit der vorigen überein, und sie ergibt als Endresultat für beide Seiten:

$$\frac{x + x^2}{(1 - x)^2(1 - x^2)}\bigg|_{s+1} .$$

Für $k = 4$ stellen wir zunächst fünf Kovarianten auf, von denen wir jedoch nur die Leitglieder in passender Normierung durch einen konstanten Faktor anschreiben:

1) Die Form selbst:

$$f = a_0 x^4 + \cdots; \quad r = 1, \quad p = 0.$$

2) Die Hessesche Kovariante (S. 22 u. 43):

$$h = (a_0 a_2 - a_1^2) x^4 + \cdots; \quad r = 2, \quad p = 2.$$

3) Die Jacobische Determinante von $f$ und $h$ (S. 24):

$$j = (a_0^2 a_3 - 3 a_0 a_1 a_2 + 2 a_1^3) x^6 + \cdots; \quad r = 3, \quad p = 3.$$

4) Eine Invariante, die Apolare $A(f, f)$ (S. 45):

$$P = a_0 a_4 - 4 a_1 a_3 + 3 a_2^2; \quad r = 2, \quad p = 4.$$

5) Noch eine Invariante, die Apolare $A(f, h)$ (S. 43):

$$Q = \begin{vmatrix} a_0 & a_1 & a_2 \\ a_1 & a_2 & a_3 \\ a_2 & a_3 & a_4 \end{vmatrix}; \quad r = 3, \quad p = 6.$$

Wir behaupten nun:

**Satz 2.25.** *Für eine binäre Form 4. Grades*

$$f = \sum_{\varkappa=0}^{4} \binom{4}{\varkappa} a_\varkappa\, x^{4-\varkappa} y^\varkappa$$

*bilden die folgenden Kovarianten eine Basis des Kovariantensystems (vgl. die vorstehenden Nrn. 1) bis 5)): 1) Die Form f selbst; 2) die Hessesche Kovariante h; 3) die Jacobische Determinante j von f und h; 4) die Apolare* $P = \frac{1}{2} A(f,f)$*; 5) die Apolare* $Q = \frac{1}{3} A(f,h)$*. f, h, P und Q sind voneinander unabhängig, dagegen läßt sich* $j^2$ *durch die vier anderen so ausdrücken:*

$$j^2 = -f^3 Q + f^2 h P - 4h^3.$$

*Beweis:* Zunächst zeigen wir wieder, daß $j$ von den vier anderen abhängt. Die Kovarianten $j^2$, $h^3$, $f^3 Q$, $f^2 h P$ sind alle vom Grad und Gewicht 6. Die Anzahl aller solcher linear unabhängigen Kovarianten ist aber nach dem Cayleyschen Kalkül:

$$\left[\begin{matrix} 10 \\ 4 \end{matrix}\right]^*_6 = \left.\frac{(1-x^{10})(1-x^9)(1-x^8)(1-x^7)}{(1-x^2)(1-x^3)(1-x^4)}\right|_6$$

oder:

$$(1 + x^2 + x^4 + x^6 + \cdots)(1 + x^3 + x^6 + \cdots)(1 + x^4 + \cdots)\big|_6 = 3.$$

Somit besteht zwischen obigen Kovarianten eine lineare Abhängigkeit, die man leicht als die in dem Satz behauptete feststellt.

Dagegen sind $f$, $h$, $P$ und $Q$ voneinander unabhängig. Das sieht man am schnellsten ein, wenn man $a_1 = 0$ setzt und die Leitglieder ins Auge faßt. Diese sind dann: $a_0$, $a_0 a_2$, $a_0 a_4 + 3 a_2^2$, $a_0 a_2 a_4 - a_0 a_3^2 - a_2^3$. Ist $a_0 \neq 0$, so können diese vier Ausdrücke beliebige, voneinander unabhängige Werte annehmen.

Ein System linear unabhängiger Kovarianten $r$-ten Grades, die sich mit Hilfe jener fünf bilden lassen, sind die Potenzprodukte:

$$f^\alpha h^\beta P^\gamma Q^\delta \quad \text{und} \quad f^\alpha h^\beta P^\gamma Q^\delta j;$$

ihre Anzahl ist gleich der Summe der Anzahlen der nicht negativen Lösungen der beiden diophantischen Gleichungen:

$$\alpha + 2\beta + 2\gamma + 3\delta = r,$$
$$\alpha + 2\beta + 2\gamma + 3\delta = r - 3.$$

Diese Anzahl ist aber:

$$\left.\frac{1 + x^3}{(1-x)(1-x^2)^2(1-x^3)}\right|_r.$$

Andererseits ergibt der Cayleysche Kalkül für die Gesamtzahl der linear unabhängigen Kovarianten $r$-ten Grades:

$$\left[\begin{matrix} 4+r \\ 4 \end{matrix}\right]_p = \left.\frac{(1-x^{4+r})(1-x^{3+r})(1-x^{2+r})(1-x^{1+r})}{(1-x)(1-x^2)(1-x^3)(1-x^4)}\right|_p,$$

wobei $$p = 2r.$$

Es ist also zu zeigen:

$$\frac{1 + x^3}{(1 - x)\,(1 - x^2)^2\,(1 - x^3)}\bigg|_r = \frac{(1 - x^{4+r})\,(1 - x^{3+r})\,(1 - x^{2+r})\,(1 - x^{1+r})}{(1 - x)\,(1 - x^2)\,(1 - x^3)\,(1 - x^4)}\bigg|_{2r}.$$

Die rechte Seite ergibt, nach denselben Prinzipien umgeformt wie im Falle $k = 3$:

$$\frac{1}{(1 - x)\,(1 - x^2)\,(1 - x^3)\,(1 - x^4)}\bigg|_{2r} - \frac{x^4 + x^3 + x^2 + x}{(1 - x)\,(1 - x^2)\,(1 - x^3)\,(1 - x^4)}\bigg|_r$$

$$= \frac{(1 + x)\,(1 + x^3)}{(1 - x^2)^2\,(1 - x^6)\,(1 - x^4)}\bigg|_{2r} - \frac{x}{(1 - x)^2\,(1 - x^2)\,(1 - x^3)}\bigg|_r$$

$$= \frac{1 + x^2 - x}{(1 - x)^2\,(1 - x^2)\,(1 - x^3)}\bigg|_r = \frac{(1 + x)\,(1 - x + x^2)}{(1 - x)\,(1 - x^2)^2\,(1 - x^3)}\bigg|_r$$

$$= \frac{1 + x^3}{(1 - x)\,(1 - x^2)^2\,(1 - x^3)}\bigg|_r,$$

übereinstimmend mit der linken Seite.

## § 9. Die Invarianten der Formen 5. und 6. Grades

**Vorbemerkungen:**

1) Wir benötigen im folgenden eine Simultaninvariante für mehrere Formen, die eine Verallgemeinerung der durch die Hankelsche Determinante der Koeffizienten einer Form dargestellten Invariante ist, die wir auf S. 63 kennengelernt haben. Es sei $q$ irgendeine positive ganze Zahl, die wir in eine Anzahl ebensolcher Summanden zerlegen: $q = u + v + \cdots$. Dann ist die Determinante

$$(95) \qquad I = \begin{vmatrix} a_0 & a_1 & \cdots & a_{q-1} \\ a_1 & a_2 & \cdots & a_q \\ a_2 & a_3 & \cdots & a_{q+1} \\ \cdot & \cdot & \cdots & \cdot \\ a_{u-1} & a_u & \cdots & a_{u+q-2} \\ b_0 & b_1 & \cdots & b_{q-1} \\ b_1 & b_2 & \cdots & b_q \\ \cdot & \cdot & \cdots & \cdot \\ b_{v-1} & b_v & \cdots & b_{v+q-2} \\ \cdot & \cdot & \cdots & \cdot \end{vmatrix}$$

eine Simultaninvariante der Formen der Grade

$$k = q + u - 2, \qquad k' = q + v - 2, \qquad \ldots,$$

wenn $a, b, \ldots$ bzw. deren Koeffizienten sind.

Der *Beweis* erfolgt auf Grund des Hauptkriteriums für Invarianten, das wir in Satz 2.15. kennenlernten, wenn es gemäß der Bemerkung

S. 64 auf Simultaninvarianten erweitert wird. Als allgemeines Glied der Determinante $I$ ergibt sich:

$$a_{0+\alpha_0}\, a_{1+\alpha_1} \cdots a_{u-1+\alpha_{u-1}}\, b_{0+\alpha_u} \cdots b_{v-1+\alpha_{w+v-1}} \cdots,$$

wobei $\alpha_0, \alpha_1, \ldots, \alpha_{u-1}, \alpha_u, \ldots, \alpha_{q-1}$ eine Permutation der Zahlen $0, 1, \ldots, q-1$ bedeutet. Der Grad in den $a$ ist $u$, der in den $b$ ist $v, \ldots$, das Gewicht ist $\dfrac{u(u-1)}{2} + \dfrac{v(v-1)}{2} + \cdots + \dfrac{q(q-1)}{2}$, und damit sind die beiden Bedingungen 1) und 2) unseres Kriteriums erfüllt. Daß auch die Bedingung 3) erfüllt ist, beweist man analog wie im Spezialfall S. 63, indem man die Invarianz bei Verschiebungen $s_4$ (s. S. 36f.) zeigt:

$C$ sei die Matrix der Determinante $I$, also:

$$C = \begin{pmatrix} A \\ B \\ \vdots \end{pmatrix}$$

mit

$$A = (a_{\iota\varkappa}) = (a_{\iota+\varkappa}), \quad \iota = 0, \ldots, u-1, \quad \varkappa = 0, \ldots, q-1,$$
$$B = (b_{\iota\varkappa}) = (b_{\iota+\varkappa}), \quad \iota = 0, \ldots, v-1, \quad \varkappa = 0, \ldots, q-1,$$
$$\cdots \cdots \cdots \cdots \cdots \cdots \cdots \cdots \cdots \cdots \cdots \cdots$$

Wir betrachten das Matrizenprodukt

$$S\,C\,T;$$

hier sei

$$S = \begin{pmatrix} S_1 & O & \ldots \\ O & S_2 & \ldots \\ & \cdots \cdots & \end{pmatrix},$$

wobei $S_1, S_2, \ldots$ die Dreiecksmatrizen

$$(\sigma_{\iota\varkappa}) = \left( \binom{\iota}{\varkappa} t^{\iota-\varkappa} \right), \quad \begin{aligned} \iota, \varkappa = 0, \ldots, u-1 \quad &\text{bei } S_1, \\ = 0, \ldots, v-1 \quad &\text{bei } S_2, \\ \cdots \cdots \cdots \cdots \cdots \quad & \end{aligned}$$

sind; ferner sei

$$T = (\tau_{\iota\varkappa}) = \left( \binom{\varkappa}{\iota} t^{\varkappa-\iota} \right), \quad \iota, \varkappa = 0, \ldots, q-1.$$

Dann ist

$$S\,C\,T = \begin{pmatrix} S_1\,A\,T \\ S_2\,B\,T \\ \cdots \cdots \end{pmatrix}.$$

Wir setzen zur Abkürzung:

$$S_1\,A\,T = A' = (a'_{\iota\varkappa}), \quad \begin{aligned} \iota &= 0, \ldots, u-1, \\ \varkappa &= 0, \ldots, q-1. \end{aligned}$$

Dann ist

$$a'_{\iota\varkappa} = \sum_{\beta=0}^{q-1} \sum_{\alpha=0}^{u-1} \sigma_{\iota\alpha}\, a_{\alpha\beta}\, \tau_{\beta\varkappa}$$

$$= \sum_{\beta=0}^{q-1} \sum_{\alpha=0}^{u-1} \binom{\iota}{\alpha} t^{\iota-\alpha}\, a_{\alpha+\beta} \binom{\varkappa}{\beta} t^{\varkappa-\beta}$$

$$= \sum_{\gamma=0}^{u+q-2} \left( \sum_{\alpha+\beta=\gamma} \binom{\iota}{\alpha}\binom{\varkappa}{\beta} \right) t^{\iota+\varkappa-\gamma}\, a_{\gamma},$$

oder wegen

$$\sum_{\alpha+\beta=\gamma} \binom{\iota}{\alpha}\binom{\varkappa}{\beta} = \binom{\iota+\varkappa}{\gamma}:$$

$$a'_{\iota\varkappa} = \sum_{\gamma=0}^{u+q-2} \binom{\iota+\varkappa}{\gamma} t^{\iota+\varkappa-\gamma}\, a_{\gamma}.$$

Die rechte Seite ist aber nach (45) nichts anderes als $a'_{\iota+\varkappa}$:

$$S_1\, A\, T = (a'_{\iota\varkappa}) = (a'_{\iota+\varkappa}).$$

Ebenso findet man

$$S_2\, B\, T = (b'_{\iota\varkappa}) = (b'_{\iota+\varkappa}),$$

. . . . . . . . . . . . . . .

Somit ist $S\, C\, T$ eine Matrix, die sich aus den $a', b', \ldots$ ebenso aufbaut, wie $C$ aus den $a, b, \ldots$ . Gehen wir zu den Determinanten über und beachten, daß $|S| = |T| = 1$, so folgt die behauptete Invarianz von $I = |C|$ bei Verschiebungen.

*Beispiele:* $k = 2$, $k' = 3$ $(q = 3,\ u = 1,\ v = 2)$:

$$I = \begin{vmatrix} a_0 & a_1 & a_2 \\ b_0 & b_1 & b_2 \\ b_1 & b_2 & b_3 \end{vmatrix}.$$

$k = 4$, $k' = 4$ $(q = 4,\ u = v = 2)$:

$$I = \begin{vmatrix} a_0 & a_1 & a_2 & a_3 \\ a_1 & a_2 & a_3 & a_4 \\ b_0 & b_1 & b_2 & b_3 \\ b_1 & b_2 & b_3 & b_4 \end{vmatrix}.$$

2) Mit Hilfe der Gaußschen Polynome (S. 75) läßt sich folgende elegante Formel aufstellen: Es sei:

$$(96) \qquad \psi(x, z) = (1 + z\, x)(1 + z\, x^2) \cdots (1 + z\, x^h).$$

Dann lautet die Entwicklung von $\psi$ nach Potenzen von $z$:

$$(96\text{a}) \qquad \psi(x, z) = 1 + z\, x \begin{bmatrix} h \\ 1 \end{bmatrix} + z^2\, x^3 \begin{bmatrix} h \\ 2 \end{bmatrix} + \cdots + z^\nu\, x^{\binom{\nu+1}{2}} \begin{bmatrix} h \\ \nu \end{bmatrix} +$$

$$+ \cdots + z^h\, x^{\binom{h+1}{2}}.$$

Diese Formel kann als Verallgemeinerung des binomischen Lehrsatzes angesehen werden: Durch den Grenzübergang $x \to 1$ erhält man die Entwicklung von $(1 + z)^h$.

Den *Beweis* von (96a) führt man sehr rasch so: In dem Ausdruck $\psi(x, z)$ ersetze man $z$ durch $x\,z$, wobei man

$$(96\,\mathrm{b}) \qquad \psi(x, x\,z) = \frac{1 + z\,x^{h+1}}{1 + z\,x}\, \psi(x, z)$$

erhält. Nun setze man die Entwicklung von $\psi(x, z)$ nach Potenzen von $z$ mit unbestimmten Koeffizienten an:

$$\psi(x, z) = \psi_0 + \psi_1\,z + \psi_2\,z^2 + \cdots + \psi_h\,z^h.$$

Man sieht sofort:

$$\psi_0 = 1.$$

Setzt man diese Entwicklung in (96b) ein, so erhält man Rekursionsformeln für $\psi_1, \psi_2, \ldots, \psi_h$, die sofort die Koeffizienten von (96a) liefern.

Bei Formen von höherem als 4. Grad können wir nicht von einem System bekannter Invarianten ausgehen und versuchen, seinen Basischarakter nachzuweisen. Einen Fingerzeig für den Aufbau einer Basis gibt uns der Cayleysche Kalkül.

Zunächst besagt bei einer Form 5. Grades die Gewichtsregel $5\,r = 2\,p$, d. h., $r$ muß gerade sein; demgemäß setzen wir:

$$r = 2\,s, \qquad p = 5\,s.$$

Nun besagt der Abzählungskalkül: Die Anzahl der linear unabhängigen Invarianten $r$-ten Grades ist:

$$N(5, r, p) = N(5, 2\,s, 5\,s) = \left[ \begin{matrix} 5 + 2\,s \\ 5 \end{matrix} \right]^{*}_{5\,s}.$$

Zur Berechnung des Zählers dienen uns die Formeln (96), (96a). Er lautet:

$$(1 - x^{5+2\,s})\,(1 - x^{4+2\,s})\,(1 - x^{3+2\,s})\,(1 - x^{2+2\,s})\,(1 - x^{1+2\,s}),$$

und das ist das $\psi$ von (96), wenn wir dort $h = 5$ und $z = -x^{2\,s}$ setzen. (96a) ergibt dann für den Zähler den Ausdruck

$$1 - x^{2\,s+1} \left[ \begin{matrix} 5 \\ 1 \end{matrix} \right] + x^{4\,s+3} \left[ \begin{matrix} 5 \\ 2 \end{matrix} \right] - + \cdots.$$

Die weiteren Glieder interessieren nicht, da sie kein Glied $x^{5\,s}$ mehr liefern. Somit ist

$$N(5, 2\,s, 5\,s) = \left.\frac{1}{(1 - x^2)\,(1 - x^3)\,(1 - x^4)\,(1 - x^5)}\right|_{5\,s} -$$

$$- \left.\frac{x}{(1 - x)\,(1 - x^2)\,(1 - x^3)\,(1 - x^4)}\right|_{3\,s} + \left.\frac{x^3}{(1 - x)\,(1 - x^2)^2\,(1 - x^3)}\right|_{s}.$$

Die letzten beiden Brüche sind durch Division mit $x^{2s}$ bzw. $x^{4s}$ aus den entsprechenden Gliedern des vorigen Ausdrucks entstanden, weshalb der Koeffizient von $x^{3s}$ bzw. $x^s$ zu nehmen ist. Wir wollen auch die beiden ersten Brüche so umformen, daß der in Betracht zu ziehende Koeffizient der von $x^s$ ist. Dazu dient das S. 79 erläuterte Verfahren.

Der erste Bruch ist zu erweitern mit

$$(1 + x^2 + x^4 + x^6 + x^8)\,(1 + x^3 + x^6 + x^9 + x^{12})\,(1 + x^4 + x^8 + x^{12} + x^{16})$$

und der zweite mit

$$(1 + x + x^2)\,(1 + x^2 + x^4)\,(1 + x^4 + x^8).$$

Dann erhält man:

$$N(5, 2s, 5s) = \frac{1 + x + 4x^2 + 5x^3 + 7x^4 + 4x^5 + 3x^6}{(1 - x)(1 - x^2)(1 - x^3)(1 - x^4)}\bigg|_s -$$

$$- \frac{2x + 2x^2 + 3x^3 + x^4 + x^5}{(1 - x)^2(1 - x^2)(1 - x^4)}\bigg|_s + \frac{x^3}{(1 - x)(1 - x^2)^2(1 - x^3)}\bigg|_s.$$

Bringt man endlich noch die Brüche auf einen Nenner, so findet man:

$$N(5, 2s, 5s) = \frac{1 + x^9}{(1 - x^2)(1 - x^4)(1 - x^6)}\bigg|_s,$$

oder, wenn man $x^2$ für $x$ schreibt und den Koeffizienten von $2s = r$ sucht:

$$(97) \qquad N(5, r, p) = \frac{1 + x^{18}}{(1 - x^4)(1 - x^8)(1 - x^{12})}\bigg|_r.$$

Setzt man nacheinander $r = 4, 8, 12$, so findet man für die gesuchten Anzahlen bzw. 1, 2, 3. Für jede nicht durch 4 teilbare Gradzahl $r < 12$ ergibt sich die Anzahl 0. Es gibt also eine Invariante 4. Grades $I_4$, zwei linear unabhängige Invarianten 8. Grades, deren eine jedoch $I_4^2$ ist; die andere heiße $I_8$; ferner außer $I_4^3$ und $I_4 I_8$ eine von diesen linear unabhängige vom 12. Grade, $I_{12}$. In der Form $I = I_4^\alpha I_8^\beta I_{12}^\gamma$ lassen sich so viele Invarianten des Grades $r$ darstellen wie die diophantische Gleichung $4\alpha + 8\beta + 12\gamma = r$ nicht negative Lösungen besitzt, d. i.

$$\frac{1}{(1 - x^4)(1 - x^8)(1 - x^{12})}\bigg|_r,$$

also für ein durch 4 teilbares $r$ dieselbe Zahl wie $N(5, r, p)$.

Jede Invariante mit durch 4 teilbarem Grad ist also durch $I_4$, $I_8$ und $I_{12}$ ausdrückbar. Dagegen zeigt (97), daß es eine Invariante 18. Grades gibt; $I_{18}^2$ ist nach dem eben Gesagten durch $I_4$, $I_8$, $I_{12}$ auszudrücken. Die Anzahl der durch $I_4$, $I_8$, $I_{12}$ und $I_{18}$ in der Form $I_4^\alpha I_8^\beta I_{12}^\gamma I_{18}$ darstellbaren Invarianten eines geraden, aber nicht durch 4 teilbaren Grades ist

$$\frac{x^{18}}{(1 - x^4)(1 - x^8)(1 - x^{12})}\bigg|_r = \frac{1 + x^{18}}{(1 - x^4)(1 - x^8)(1 - x^{12})}\bigg|_r,$$

also gleich der Anzahl der linear unabhängigen Invarianten des Grades $r$ überhaupt. Somit bilden die $I_4$, $I_8$, $I_{12}$, $I_{18}$ eine Basis des Invariantensystems der Form 5. Grades.

Herstellung von $I_4$, $I_8$, $I_{12}$ und $I_{18}$:

$$(98) \qquad A = 2(a_0 a_4 - 4 a_1 a_3 + 3 a_2^2)$$

ist eine Invariante der Form 4. Grades (vgl. Satz 2.9.), also eine Semiinvariante der Form 5. Grades (vgl. Satz 2.18.). Grad und Gewicht sind bzw. 2 und 4. Die Ordnung der zugehörigen Kovariante ist nach der Gewichtsregel: $m = 2 \cdot 5 - 2 \cdot 4 = 2$. Die Kovariante lautet also:

$$(98\,\text{a}) \qquad F_2 = A\,x^2 + 2B\,x\,y + C\,y^2,$$

wobei sich $B$ und $C$ gemäß den Formeln (73) (s. Satz 2.13., S. 58) aus $A$ berechnen zu

$$(98\,\text{b}) \qquad \begin{aligned} B &= a_0 a_5 - 3 a_1 a_4 + 2 a_2 a_3, \\ C &= 2(a_1 a_5 - 4 a_2 a_4 + 3 a_3^2). \end{aligned}$$

Die Diskriminante dieser Kovariante

$$(98\,\text{c}) \qquad I_4 = A\,C - B^2$$

ist eine Invariante 4. Grades unserer Form (nach Satz 1.16.).

Ferner kennen wir folgende Invariante der Form 4. Grades (s. (60)):

$$(99) \qquad a = 3 \begin{vmatrix} a_0 & a_1 & a_2 \\ a_1 & a_2 & a_3 \\ a_2 & a_3 & a_4 \end{vmatrix} \quad \text{mit} \quad r = 3, \quad p = 6,$$

die als Semiinvariante der Form 5. Grades auf eine Kovariante der Ordnung 3 führt:

$$(99\,\text{a}) \qquad F_3 = a\,x^3 + 3\,b\,x^2\,y + 3\,c\,x\,y^2 + d\,y^3.$$

Ihre Koeffizienten $b, c, d$ lassen sich aus $a$ nach den Formeln (73) S. 58 berechnen. Insbesondere ist

$$b = \frac{1}{3}\,\triangle\,a = \frac{1}{3} \sum_{\varkappa=0}^{4} (5 - \varkappa)\,a_{\varkappa+1}\,\frac{\partial a}{\partial a_\varkappa}.$$

Bezeichnen wir die zum Element der $i$-ten Zeile und $k$-ten Spalte in (99) gehörige Adjunkte mit $A_{ik}$, so ergibt sich:

$$\begin{aligned} b = \tfrac{1}{3}\,\triangle\,a &= 5\,a_1 A_{11} + 4 a_2 (A_{12} + A_{21}) + 3 a_3 (A_{13} + A_{22} + A_{31}) + \\ &\quad + 2 a_4 (A_{23} + A_{32}) + a_5 A_{33} \\ &= 2(a_1 A_{11} + a_2 A_{12} + a_3 A_{13}) + (a_2 A_{21} + a_3 A_{22} + a_4 A_{23}) + \\ &\quad + 3(a_1 A_{11} + a_2 A_{21} + a_3 A_{31}) + 2(a_2 A_{12} + a_3 A_{22} + a_4 A_{32}) + \\ &\quad + (a_3 A_{13} + a_4 A_{23} + a_5 A_{33}). \end{aligned}$$

Die durch die ersten vier Klammerausdrücke dargestellten Determinanten haben den Wert 0, da sie je zwei gleiche Zeilen bzw. Spalten enthalten, z. B.:

$$a_1 A_{11} + a_2 A_{12} + a_3 A_{13} = \begin{vmatrix} a_1 & a_2 & a_3 \\ a_1 & a_2 & a_3 \\ a_2 & a_3 & a_4 \end{vmatrix} = 0.$$

Also ist

$$(99\,\mathrm{b}) \qquad b = a_3 A_{13} + a_4 A_{23} + a_5 A_{33} = \begin{vmatrix} a_0 & a_1 & a_3 \\ a_1 & a_2 & a_4 \\ a_2 & a_3 & a_5 \end{vmatrix}.$$

$c$ und $d$ findet man nun am einfachsten vermittels der Symmetrieeigenschaft 3) aus Satz 2.13. zu

$$(99\,\mathrm{c}) \qquad c = \begin{vmatrix} a_0 & a_2 & a_3 \\ a_1 & a_3 & a_4 \\ a_2 & a_4 & a_5 \end{vmatrix}, \qquad d = 3 \begin{vmatrix} a_1 & a_2 & a_3 \\ a_2 & a_3 & a_4 \\ a_3 & a_4 & a_5 \end{vmatrix}.$$

Gemäß (95) S. 82 ist jetzt

$$(99\,\mathrm{d}) \qquad I_8 = \begin{vmatrix} A & B & C \\ a & b & c \\ b & c & d \end{vmatrix}$$

eine Invariante unserer Form, und man sieht sofort, daß ihr Grad 8 ist.

Eine $I_{12}$ bekommen wir, wenn wir die Diskriminante der Kovariante (99 a) 3. Ordnung bilden, die bis auf einen konstanten Faktor gleich

$$(100) \qquad I_{12} = a^2 d^2 - 6\,a\,b\,c\,d + 4a\,c^3 + 4b^3\,d - 3\,b^2\,c^2$$

ist.

Wir zeigen zunächst, daß diese drei Invarianten voneinander unabhängig sind. Zu diesem Zweck setzen wir $a_1 = a_2 = a_3 = 0$. Dann wird $I_4 = -a_0^2\,a_5^2$, $I_8 = -2a_0^3\,a_4^5$, $I_{12} = 0$. Daraus geht hervor, daß $I_4$ und $I_8$ voneinander unabhängig sind. Nehmen wir an, es bestände eine Beziehung zwischen $I_4$, $I_8$ und $I_{12}$ der Gestalt:

$$I_{12}^h\,g_0(I_4, I_8) + I_{12}^{h-1}\,g_1(I_4, I_8) + \cdots + g_h(I_4, I_8) = 0,$$

so würde diese sich bei obiger Spezialisierung der $a_\varkappa$ auf $g_h = 0$, also eine Beziehung zwischen $I_4$ und $I_8$, reduzieren. Also muß $g_h \equiv 0$ sein. Ist nun $I_{12} \not\equiv 0$, so kann man durch $I_{12}$ dividieren, und findet wie vorhin $g_{h-1} = 0$ usw. Daß $I_{12}$ nicht identisch verschwindet, sieht man leicht, indem man $a_1 = a_2 = a_4 = a_5 = 0$ setzt. Man bekommt: $I_{12} = 3^4\,a_0^2\,a_3^{10}$.

Die Aufstellung der $I_{18}$ ist zuerst HERMITE gelungen. Wir gewinnen sie vermittels einer Kovariante 5. Ordnung

$$(101) \qquad \begin{aligned} F_5 = 10 F_2 F_3 &= b_0\,x^5 + 5\,b_1\,x^4 y + 10\,b_2\,x^3 y^2 + \\ &\quad + 10\,b_3\,x^2 y^3 + 5\,b_4\,x y^4 + b_5\,y^5, \end{aligned}$$

wo $F_2$ und $F_3$ die Kovarianten (98a) und (99a) sind. Aus den Koeffizienten von $F_3$ und $F_5$ bilden wir nun gemäß (95) die Invariante

$$(101\,\mathrm{a}) \qquad I_{18} = \begin{vmatrix} a & b & c & d \\ b_0 & b_1 & b_2 & b_3 \\ b_1 & b_2 & b_3 & b_4 \\ b_2 & b_3 & b_4 & b_5 \end{vmatrix}.$$

Es ist nur noch zu zeigen, daß sie nicht identisch verschwindet. Wir setzen: $a_1 = a_2 = a_3 = 0$; $a_0 = a_4 = a_5 = 1$ und finden: $I_{18} = -6^3$.

Sämtliche Invarianten der Form 5. Grades sind nun darstellbar durch

$$I_4^\alpha\, I_8^\beta\, I_{12}^\gamma \quad \text{und} \quad I_4^\alpha\, I_8^\beta\, I_{12}^\gamma\, I_{18}$$

und lineare Verbindungen solcher Ausdrücke gleichen Grades.

**Satz 2.26.** *Das projektive Invariantensystem der binären Form 5. Grades*

$$f = \sum_{\varkappa=0}^{5} \binom{5}{\varkappa} a_\varkappa x^{5-\varkappa} y^\varkappa$$

*besitzt eine Basis, bestehend aus Invarianten der Grade 4, 8, 12 und 18, für die die durch die Formeln (98) bis (101a) dargestellten Ausdrücke genommen werden können. $I_4$, $I_8$ und $I_{12}$ sind voneinander unabhängig, dagegen läßt sich $I_{18}^2$ durch die vorigen ausdrücken.*

Wir wollen als Anwendung die Diskriminante der Form 5. Grades berechnen. Ihr Grad ist (vgl. S. 50) $r = 2k - 2 = 8$. Sie läßt sich somit darstellen durch:

$$D = \alpha\, I_4^2 + \beta\, I_8.$$

Für $\alpha$ und $\beta$ findet man zwei Gleichungen, indem man die Form spezialisiert, einmal auf $f = x^5 - y^5$, dann auf $f = x^5 - x y^4$. In diesen beiden Spezialfällen läßt sich die Diskriminante (durch das Quadrat des Differenzenproduktes der Gleichungswurzeln) leicht berechnen, ebenso $I_4$ und $I_8$. So findet man:

$$D = 5^5 (I_4^2 - 128\, I_8).$$

Beachtenswert ist noch, daß unser $I_{18}$ das erste Beispiel einer schiefsymmetrischen Invariante ist (ihr Gewicht ist 45; vgl. S. 38). In keinem der Fälle $k = 2, 3, 4$ hatten wir eine solche angetroffen. (Bei $k = 4$ folgt das allerdings schon aus der Gewichtsregel.)

Schließlich seien noch die Invarianten der Form 6. Grades behandelt. Wir stellen wieder mit Hilfe des Abzählungskalküls fest, wie viele linear unabhängige Invarianten von vorgegebenem Grade $r$ existieren. Nach der Gewichtsregel ist $p = 3r$. Die gesuchte Anzahl ist somit:

$$N(6, r, 3r) = \left[ \frac{6+r}{6} \right]^{*}_{3r}.$$

Wenn wir diesen Ausdruck umformen, wie den entsprechenden vorhin, so finden wir:

$$N(6, r, 3r) = \frac{1 + x^{15}}{(1 - x^2)(1 - x^4)(1 - x^6)(1 - x^{10})}\bigg|_r .$$

Daraus entnimmt man: Es gibt vier Invarianten $I_2$, $I_4$, $I_6$, $I_{10}$, die voneinander unabhängig sind, sowie eine $I_{15}$, deren Quadrat sich durch die vier vorhergehenden ausdrückt.

$I_2$ ist die Apolare:

$$(102) \qquad I_2 = a_0\, a_6 - 6a_1\, a_5 + 15 a_2\, a_4 - 10 a_3^2 .$$

$I_4$ ist die Hankelsche Determinante (s. S. 63):

$$(103) \qquad I_4 = \begin{vmatrix} a_0 & a_1 & a_2 & a_3 \\ a_1 & a_2 & a_3 & a_4 \\ a_2 & a_3 & a_4 & a_5 \\ a_3 & a_4 & a_5 & a_6 \end{vmatrix} .$$

Die Invariante der Form 4. Grades, die Apolare,

$$(104) \qquad b_0 = 6(a_0\, a_4 - 4a_1\, a_3 + 3 a_2^2)$$

führt als Semiinvariante der Form 6. Grades auf eine Kovariante der Ordnung 4:

$$F_4 = b_0\, x^4 + 4b_1\, x^3\, y + 6b_2\, x^2\, y^2 + 4b_3\, x\, y^3 + b_4\, y^4 .$$

Die $b_1$, $b_2$, $b_3$, $b_4$ berechnet man leicht nach (73) S. 58 und nach 3) von Satz 2.13. Man erhält:

$$(104\,\text{a}) \qquad \begin{aligned} b_1 &= 3(a_0\, a_5 - 3 a_1\, a_4 + 2 a_2\, a_3) , \\ b_2 &= a_0\, a_6 - 9 a_2\, a_4 + 8 a_3^2 , \\ b_3 &= 3(a_1\, a_6 - 3 a_2\, a_5 + 2 a_3\, a_4) , \\ b_4 &= 6(a_2\, a_6 - 4 a_3\, a_5 + 3 a_4^2) . \end{aligned}$$

Mittels $F_4$ findet man:

$$(104\,\text{b}) \qquad I_6 = \begin{vmatrix} b_0 & b_1 & b_2 \\ b_1 & b_2 & b_3 \\ b_2 & b_3 & b_4 \end{vmatrix} .$$

Eine Invariante $I_{10}$ gewinnen wir durch folgende Überlegungen: Wenn wir eine Kovariante $F_2(a, x)$ von zweiter Ordnung haben, so können wir die Apolare $I = A(f, F_2^3)$ bilden. Ist $r$ der Grad von $F_2$, so ist der von $I$ gleich $1 + 3r$, also gleich 10, wenn $r = 3$. Aus der Gewichtsregel: $6r = 2p + m$ folgt, daß hier $p = 8$ sein muß. Der Abzählungskalkül ergibt mühelos, daß es genau eine Semiinvariante 3. Grades vom Gewicht 8 gibt. Wir setzen sie als Linearverbindung der entsprechenden Potenzprodukte der Koeffizienten $a_\varkappa$ von $f$ an:

$$a = \sum_{\substack{\iota+\varkappa+\lambda=8 \\ 0 \leq \iota \leq \varkappa \leq \lambda \leq 6}} \alpha_{\iota\varkappa\lambda}\, a_\iota\, a_\varkappa\, a_\lambda.$$

Nach Satz 2.14. ist die Differentialgleichung $\mathscr{D}a = 0$ notwendig und hinreichend für die Semiinvarianteneigenschaft von $a$. Das gibt uns Gleichungen für die $\alpha_{\iota\varkappa\lambda}$, die diese bis auf einen konstanten Faktor bestimmen. Wählen wir $\alpha_{026} = 2$, so ergibt die Rechnung:

$$(105) \qquad \begin{aligned} a = 2(&a_0\, a_2\, a_6 - 3\, a_0\, a_3\, a_5 + 2\, a_0\, a_4^2 - a_1^2\, a_6 + \\ &+ 3\, a_1\, a_2\, a_5 - a_1\, a_3\, a_4 - 3\, a_2^2\, a_4 + 2\, a_2\, a_3^2). \end{aligned}$$

Die zugehörige Kovariante sei

$$F_2 = a\, x^2 + 2\, b\, x\, y + c\, y^2.$$

$b$ und $c$ findet man gemäß (73): $b = \tfrac{1}{2}\,\triangle a,\ c = \triangle b$ zu

$$(105\,\mathrm{a}) \qquad \begin{aligned} b = \ &a_0\, a_3\, a_6 - a_0\, a_4\, a_5 - a_1\, a_2\, a_6 - 8\, a_1\, a_3\, a_5 + \\ &+ 9\, a_1\, a_4^2 + 9\, a_2^2\, a_5 - 17\, a_2\, a_3\, a_4 + 8\, a_3^3, \\ c = 2(&a_0\, a_4\, a_6 - a_0\, a_5^2 - 3\, a_1\, a_3\, a_6 + 3\, a_1\, a_4\, a_5 + \\ &+ 2\, a_2^2\, a_6 - a_2\, a_3\, a_5 - 3\, a_2\, a_4^2 + 2\, a_3^2\, a_4). \end{aligned}$$

Für $I_{10} = A(f, F_2^3)$ ergibt sich schließlich

$$(105\,\mathrm{b}) \qquad \begin{aligned} I_{10} = \ &a_0\, c^3 - 6\, a_1\, b\, c^2 + 3\, a_2(a\, c + 4\, b^2)\, c - 4\, a_3(3\, a\, b\, c + 2\, b^3) + \\ &+ 3\, a_4\, a(a\, c + 4\, b^2) - 6\, a_5\, a^2\, b + a_6\, a^3. \end{aligned}$$

$I_6$ und $I_{10}$ sind nicht identisch 0, wie die Spezialisierung der Koeffizienten $a_0 = a_3 = a_4 = a_5 = 0$ zeigt.

Die $I_{15}$ endlich erhalten wir folgendermaßen: Wir bilden für die Form 5. Grades $f_5$ die Jacobische Determinante der Form selbst und der auf S. 87 aufgestellten Kovariante $F_2$ (98a). Das gibt eine Kovariante der Ordnung $m = 5$ und des Grades $r = 3$, also vom Gewicht $p = 5$. Ihr Leitglied ist eine Semiinvariante auch für $f_6$ mit $r = 3$, $p = 5$; für die zugehörige Kovariante ergibt sich $m = 8$. Sie sei mit

$$F_8 = \sum_{\nu=0}^{8} \binom{8}{\nu} c_\nu\, x^{8-\nu}\, y^\nu$$

bezeichnet. Dann ist die Hankelsche Determinante von $F_8$ (S. 63) eine Invariante für die $f_6$. Der Grad der $c_\nu$ ist 3, also der der neuen Invariante 15:

$$(106) \qquad I_{15} = |c_{\mu,\nu}| \quad \text{mit} \quad c_{\mu,\nu} = c_{\mu+\nu}, \quad \mu,\nu = 0,\ldots,4.$$

Wir berechnen die $c_\nu$. Die oben angegebene Kovariante der $f_5$ ist:

$$\begin{vmatrix} 5\,a_0\, x^4 + \cdots & 5\,a_1\, x^4 + \cdots \\ 2\,A\, x + 2\,B\, y & 2\,B\, x + 2\,C\, y \end{vmatrix} = 10\,(a_0\, B - a_1\, A)\, x^5 + \cdots.$$

Das Leitglied $c_0$ ist also, mit passendem Normierungsfaktor:

$$(106\,\text{a}) \qquad c_0 = \frac{4}{5}\,10\,(a_0\,B - a_1\,A) = 8\,(a_0^2\,a_5 - 5\,a_0\,a_1\,a_4 +$$
$$+ 2\,a_0\,a_2\,a_3 + 8\,a_1^2\,a_3 - 6\,a_1\,a_2^2).$$

Mittels (73) und der Symmetrieeigenschaft 3) von Satz 2.13. ergeben sich daraus:

$$c_1 = a_0^2\,a_6 + 2\,a_0\,a_1\,a_5 - 19\,a_0\,a_2\,a_4 + 8\,a_0\,a_3^2 -$$
$$- 6\,a_1^2\,a_4 + 44\,a_1\,a_2\,a_3 - 30\,a_2^3,$$

$$c_2 = 2\,(a_0\,a_1\,a_6 - 2\,a_0\,a_2\,a_5 - 2\,a_0\,a_3\,a_4 - 3\,a_1\,a_2\,a_4 +$$
$$+ 16\,a_1\,a_3^2 - 10\,a_2^2\,a_3),$$

$$c_3 = a_0\,a_2\,a_6 - 4\,a_0\,a_3\,a_5 - 2\,a_0\,a_4^2 + 2\,a_1^2\,a_6 -$$
$$- 6\,a_1\,a_2\,a_5 + 24\,a_1\,a_3\,a_4 - 15\,a_2^2\,a_4,$$

$$(106\,\text{b}) \qquad c_4 = 4\,(- a_0\,a_4\,a_5 + a_1\,a_2\,a_6 + 3\,a_1\,a_4^2 - 3\,a_2^2\,a_5),$$

$$c_5 = - a_0\,a_4\,a_6 - 2\,a_0\,a_5^2 + 4\,a_1\,a_3\,a_6 + 6\,a_1\,a_4\,a_5 +$$
$$+ 2\,a_2^2\,a_6 - 24\,a_2\,a_3\,a_5 + 15\,a_2\,a_4^2,$$

$$c_6 = 2\,(- a_0\,a_5\,a_6 + 2\,a_1\,a_4\,a_6 + 2\,a_2\,a_3\,a_6 + 3\,a_2\,a_4\,a_5 -$$
$$- 16\,a_3^2\,a_5 + 10\,a_3\,a_4^2),$$

$$c_7 = - a_0\,a_6^2 - 2\,a_1\,a_5\,a_6 + 19\,a_2\,a_4\,a_6 + 6\,a_2\,a_5^2 -$$
$$- 8\,a_3^2\,a_6 - 44\,a_3\,a_4\,a_5 + 30\,a_4^3,$$

$$c_8 = 8\,(- a_1\,a_6^2 + 5\,a_2\,a_5\,a_6 - 2\,a_3\,a_4\,a_6 - 8\,a_3\,a_5^2 + 6\,a_4^2\,a_5).$$

Setzt man $a_0 = a_2 = a_3 = a_5 = a_6 = 0$, $a_1 = a_4 = 1$, so findet man $I_{15} = 2^6 \cdot 3^9$; also kann $I_{15}$ nicht identisch verschwinden.

Es bleibt zu beweisen, daß $I_2, I_4, I_6$ und $I_{10}$ voneinander unabhängig sind. Setzen wir $a_0 = a_3 = a_4 = a_5 = 0$, so wird $I_2 = 0$, $I_4 = - a_2^3\,a_6$, $I_6 = - 162\,a_1^2\,a_2^2\,a_6^2$, $I_{10} = 48\,a_1^2\,a_2^5\,a_6^3 - 8\,a_1^6\,a_6^4$. Daraus erkennt man, daß $I_4, I_6$ und $I_{10}$ unabhängig sind. Der Beweis, daß auch zwischen den vier Invarianten keine Abhängigkeit besteht, verläuft nun nach der auf S. 88 bei den Invarianten der Form 5. Grades verwendeten Schlußweise.

Somit gilt:

**Satz 2.27.** *Das System der projektiven Invarianten der binären Form 6. Grades besitzt eine Basis, bestehend aus Invarianten $I_\nu$ der Grade $\nu = 2, 4, 6, 10$ und $15$, für die die durch die Formeln (102) bis (106b) dargestellten Ausdrücke genommen werden können. $I_2$, $I_4$, $I_6$ und $I_{10}$ sind voneinander unabhängig, während sich $I_{15}^2$ durch die vorigen ausdrücken läßt.*

## § 10. Der Clebsch-Gordansche symbolische Kalkül

Es sei $I(x, y, z \ldots)$ eine Simultaninvariante in mehreren Veränderlichenreihen (mit gleicher Veränderlichenzahl), die kogredienten Substitutionen unterliegen. $I$ sei in den $x$ vom Grade $r$. Durch $r$-malige Anwendung des Aronholdschen Polarisierungsprozesses (S. 11 ff.)können wir die Reihe der $x$ durch $r$ neue, mit den $x$ kogredient zu substituierende Reihen ersetzen, wobei wir eine in jeder einzelnen dieser Reihen lineare Invariante erhalten, die bei Identifizierung der neuen Reihen mit der Reihe der $x$ bis auf einen konstanten Faktor wieder in $I$ übergeht.

Man sieht leicht: Das Auflösen einer Veränderlichenreihe, etwa der Reihe der $x$, ist ohne weiteres auch dann durchführbar, wenn die anderen Reihen $y, z, \ldots$ nicht kogredient zu der Reihe der $x$, sondern nach irgendeinem anderen Homomorphismus substituiert werden, wie es dem allgemeineren Begriff der Simultaninvarianten entspricht (S. 14). Somit können wir uns beim Studium der Invarianten einer Form, und ebenso beim Studium der Simultaninvarianten mehrerer Formen, auf mehrfach lineare Invarianten beschränken. Dasselbe gilt von den Kovarianten, wobei wir jedoch die Graderniedrigung nur auf die Koeffizienten, nicht aber auf die Veränderlichen anwenden wollen.

Es liege also ein System von beliebig vielen binären Formen vor:

$$(107) \qquad f(a, x), \; g(b, x), \ldots \quad \text{mit den Graden} \quad k, k', \ldots.$$

Wir wollen die mehrfach linearen Simultaninvarianten dieser Formen betrachten (von den Kovarianten wird später die Rede sein). Die Veränderlichen unterwerfen wir der Substitution $s^\mathsf{T}$:

$$(108) \qquad x = s^\mathsf{T}(x');$$

dabei erfahren die Koeffizienten bzw. die Substitutionen (vgl. S. 18):

$$(109) \qquad a' = Q_k^s(a), \quad b' = Q_{k'}^s(b), \ldots.$$

Wir wollen jetzt unsere Formen, die zunächst als allgemeine Formen angenommen waren, spezialisieren, und zwar so, daß wir sie als Potenzen von allgemeinen Linearformen annehmen. Wir setzen also:

$$(110) \qquad f(a, x) = a_x^k, \quad g(b, x) = b_x^{k'}, \quad \ldots,$$

wobei

$$(110a) \qquad a_x = \alpha_1 x + \alpha_2 y, \quad b_x = \beta_1 x + \beta_2 y, \quad \ldots.$$

Die Koeffizienten von $f$ sind dann die $k + 1$ Potenzprodukte $k$-ten Grades in $\alpha_1$ und $\alpha_2$, nämlich:

$$a_\lambda = \alpha_1^{k-\lambda} \alpha_2^{\lambda}, \qquad \lambda = 0, \ldots, k$$

$(111)$ und entsprechend:

$$b_\mu = \beta_1^{k'-\mu} \beta_2^{\mu}, \qquad \mu = 0, \ldots, k',$$

. . . . . . . . . . . . . . . . . . . . . . . . . . . .

Diese Potenzen erfahren nun die Substitutionen (109). Andererseits kann man die Substitution der Veränderlichen auch in den Linearformen (110a) ausführen. Dabei erfahren die $\alpha_\iota$ bzw. $\beta_\iota$, ... $(\iota = 1, 2)$ die Substitution $s: \alpha' = s(\alpha)$, $\beta' = s(\beta)$, .... Erhebt man dann $a_x, b_x, \ldots$ in die $k$-te bzw. $k'$-te, ... Potenz, so sind die Koeffizienten der Glieder in $x', y'$ die Potenzprodukte in $\alpha' = s(\alpha)$ bzw. $\beta' = s(\beta)$, ...; diese gehen aber durch die $k$-te bzw. $k'$-te, ... Potenzsubstitution $P_k(s)$, $P_{k'}(s)$, ... aus den Potenzprodukten in $\alpha_1, \alpha_2$ bzw. $\beta_1, \beta_2, \ldots$ hervor (vgl. S. 15f. und 17f.). Wegen der linearen Unabhängigkeit der Potenzprodukte ist diese Transformation eindeutig bestimmt. Sie muß daher mit (109) übereinstimmen, wenn dort die $a, b, \ldots$ gemäß (111) Potenzprodukte in den $\alpha, \beta, \ldots$ und die $a', b', \ldots$ dieselben Ausdrücke in den $\alpha', \beta', \ldots$ bedeuten. Somit erhält man die Substitutionen der Koeffizienten einer allgemeinen Form $k$-ten Grades, indem man in der Substitution der Koeffizienten der $k$-ten Potenz einer Linearform die Potenzprodukte gemäß (111) durch die $a$ bzw. $b, \ldots$ ersetzt.

Es liege nun irgendeine Funktion der $\alpha, \beta, \ldots$ vor:

$$J(\alpha, \beta, \ldots).$$

Sie sei in den $\alpha$ homogen vom Grade $k$, ebenso in den $\beta$ vom Grade $k'$ usw. Das besagt, daß nur Verbindungen

$$\alpha_1^{k-\lambda}\,\alpha_2^{\lambda}, \qquad \beta_1^{k'-\mu}\,\beta_2^{\mu}, \qquad \ldots$$

auftreten. Ersetzt man diese gemäß (111) durch $a_\lambda, b_\mu, \ldots$, so wird jeder derartigen Funktion $J$ der $\alpha, \beta, \ldots$ eindeutig eine lineare homogene Funktion der $a, b, \ldots$ zugeordnet.

Daß man tatsächlich auf diese Weise eindeutig eine Funktion der $a, b, \ldots$ erhält, kann man nochmals so zeigen: Angenommen man erhalte zwei verschiedene Funktionen $I(a, b, \ldots)$ und $I_1(a, b, \ldots)$. Ihre Differenz müßte verschwinden, wenn man die $a, b, \ldots$ gemäß (111) durch die $\alpha, \beta, \ldots$ ersetzt. Das würde aber eine lineare Beziehung zwischen den Potenzprodukten der $\alpha, \beta, \ldots$ bedeuten, und eine solche kann nicht bestehen. Etwas anderes wäre es, wenn $J$ von höherem als $k$-tem Grade in den $\alpha$ bzw. $k'$-tem in den $\beta, \ldots$ wäre. Ist z. B. $k = 2$, so läßt sich das Potenzprodukt 4. Grades $\alpha_1^2 \alpha_2^2$ auf zweierlei Weise durch die $a$ ausdrücken: Es ist

$$\alpha_1^2 \alpha_2^2 = a_0\, a_2 = a_1^2.$$

Nun gilt folgender

**Satz 2.28.** *Ist die ganze rationale Funktion $J(\alpha, \beta, \ldots)$ homogen vom Grade $k$ in den $\alpha$, vom Grade $k'$ in den $\beta$, ... und ist sie eine Simultaninvariante des Formensystems (110a) vom Gewicht $p$, so ist die Funktion $I(a, b, \ldots)$, die man erhält, wenn man die $\alpha, \beta, \ldots$ gemäß (111) bzw. durch die $a, b, \ldots$ ersetzt, eine (multilineare) Simultaninvariante des Sy-*

*stems (107) vom gleichen Gewicht. Umgekehrt führt eine solche, wenn man die $a, b, \ldots$ gemäß (111) durch die $\alpha, \beta, \ldots$ ersetzt, zu einer Simultaninvariante $J$ des Systems (110a) gleichen Gewichts mit den angegebenen Eigenschaften.*

Beweis: Nach Voraussetzung gilt die Beziehung

$$(112) \qquad I(a', b', \ldots) = \varepsilon^p\, I(a, b, \ldots), \qquad \varepsilon = |s|,$$

falls die $a, b, \ldots$ (die man sich links mittels (109) eingeführt denke) nach (111) durch die $\alpha, \beta, \ldots$ ersetzt werden. Das wäre aber eine lineare Abhängigkeit ihrer Potenzprodukte, wenn obige Gleichung nicht schon in den nicht spezialisierten $a, b, \ldots$ eine Identität wäre.

Sei umgekehrt $I(a, b, \ldots)$ eine multilineare Funktion in den Reihen $a, b, \ldots$, für die (112) gilt. Ersetzt man die $a, b, \ldots$ nach (111) durch die $\alpha, \beta, \ldots$, so erhält man eine Funktion $J(\alpha, \beta, \ldots)$ mit den genannten Homogenitätseigenschaften. Wir untersuchen, ob sie eine Invariante des Systems (110a) ist; wir führen also in diesem die Substitution (108) aus, die vermöge $a'_{x'} = a_x$, $b'_{x'} = b_x$, $\ldots$ zu den Substitutionen $\alpha' = s(\alpha)$, $\beta' = s(\beta)$, $\ldots$ führt. Werden diese in $J(\alpha', \beta', \ldots)$ ausgeführt, so erfahren dabei die Potenzprodukte $\alpha_1'^{\,k-\lambda}\,\alpha_2'^{\,\lambda}$, $\beta_1'^{\,k'-\mu}\,\beta_2'^{\,\mu}$, $\ldots$ die entsprechenden Potenzsubstitutionen (109), wenn dort die $a, b, \ldots$ durch (111), die $a', b', \ldots$ durch die entsprechenden Ausdrücke in den $\alpha', \beta', \ldots$ ersetzt werden. Aus der Voraussetzung (112) folgt nun:

$$J(\alpha', \beta', \ldots) = \varepsilon^p\, J(\alpha, \beta, \ldots).$$

**Beispiele:** Die Determinante

$$\alpha_1\beta_2 - \alpha_2\beta_1 = (\alpha, \beta)$$

ist eine Simultaninvariante der beiden Linearformen $a_x$ und $b_x$. Entsprechendes gilt von den Ausdrücken

$$(\alpha, \gamma), \qquad (\beta, \gamma), \qquad \ldots,$$

wenn wir noch weitere Linearformen mit den Koeffizienten $\gamma_1, \gamma_2, \ldots$ zugrunde legen (s. Satz 2.6.).

Wir bilden nun das Produkt

$$(113) \qquad (\alpha, \beta)^\varkappa\, (\beta, \gamma)^\lambda\, (\gamma, \alpha)^\mu \cdots,$$

wobei wir die Exponenten der Bedingung unterwerfen, daß die Summe derjenigen, die zu einem $\alpha$ enthaltenden Ausdruck gehören, gleich $k$ ist usw., also:

$$\varkappa + \mu + \cdots = k, \qquad \varkappa + \lambda + \cdots = k', \qquad \ldots.$$

Diese Funktion der $\alpha, \beta, \gamma, \ldots$ genügt den Forderungen des letzten Satzes, liefert somit eine Invariante des Systems der Formen vom Grade $k$ bzw. $k', \ldots$.

So erhalten wir z. B. aus

$$(\alpha_1 \beta_2 - \alpha_2 \beta_1)^k$$

die Apolare zweier Formen $k$-ten Grades.

Liegen drei quadratische Formen zugrunde, so bedeutet das Symbol

$$(\alpha, \beta)\,(\beta, \gamma)\,(\alpha, \gamma)$$

die Simultaninvariante (vgl. (95)):

$$\begin{vmatrix} a_0 & a_1 & a_2 \\ b_0 & b_1 & b_2 \\ c_0 & c_1 & c_2 \end{vmatrix}.$$

Weniger elegant drückt sich die Diskriminante der Form 3. Grades aus (s. S. 50f.). Der Ausdruck

$$(\alpha, \beta)^2\,(\gamma, \delta)^2\,(\alpha, \delta)\,(\beta, \gamma)$$

ergibt $\frac{2}{27} D$, wenn man ihn gemäß (111) umschreibt und dann die Veränderlichenreihen identifiziert.

Noch größer ist die Bedeutung des symbolischen Kalküls, wenn wir auch Kovarianten ins Auge fassen. Es sei

$$K(\alpha, \beta, \ldots; x)$$

eine ganze rationale Funktion der Koeffizienten der Linearformen (110a) und der Veränderlichen $x, y$. Sie sei in bezug auf die $\alpha$ homogen vom Grade $k$, in bezug auf die $\beta$ vom Grade $k'$, $\ldots$, in bezug auf die Veränderlichen von beliebigem Grade. Führen wir gemäß (111) die $a, b, \ldots$ ein, so erhalten wir eine in diesen Größen lineare Funktion

$$C(a, b, \ldots; x).$$

War $K$ eine Kovariante des Systems $a_x, b_x, \ldots$, so ist $C$ eine solche des Systems der Formen der Grade $k, k', \ldots$.

Wir können das Ergebnis so formulieren:

**Satz 2.29.** *Ist $C(a, b, \ldots; x)$ eine in den Koeffizientensystemen der Formen (107) multilineare Form in $x, y$, so ist sie dann und nur dann eine Kovariante der Formen (107), wenn sie durch Einsetzen von (111) in eine Kovariante der Linearformen (110a) übergeht.*

Kovarianten des Systems der Linearformen sind sehr einfach zu bilden. $a_x, b_x, \ldots$ selbst sind solche, ferner kennen wir schon die Invarianten $(\alpha, \beta), (\alpha, \gamma), \ldots$. Bilden wir jetzt den Ausdruck

$$(\alpha, \beta)^\varkappa\,(\beta, \gamma)^\lambda\,(\gamma, \alpha)^\mu \cdots a_x^\varrho\, b_x^\sigma\, c_x^\tau \cdots,$$

so stellt dieser eine Kovariante mit der verlangten Homogenität dar, wenn

$$\varkappa + \mu + \cdots + \varrho = k,$$
$$\varkappa + \lambda + \cdots + \sigma = k',$$
$$\lambda + \mu + \cdots + \tau = k'',$$
$$\cdots\cdots\cdots\cdots\cdots,$$

und sie liefert uns sofort eine Kovariante des Formensystems der Grade $k, k', k'', \ldots$.

**Beispiel:** Es mögen zwei Formen $f(a, x)$ und $g(b, x)$ zugrunde liegen, mit den Graden $k$ bzw. $k'$. Es sei $h$ irgendeine ganze Zahl mit

$$0 \leq h \leq \min(k, k').$$

Dann genügt der Ausdruck

$$(\alpha, \beta)^h\, a_x^{k-h}\, b_x^{k'-h}$$

den Bedingungen, die wir an $K(\alpha, \beta; x)$ gestellt hatten, liefert also eine Kovariante der Formen $f(a, x)$ und $g(b, x)$. Dieser Ausdruck spielt eine wichtige Rolle im Kalkül, man nennt ihn die $h$-te **Überschiebung** der beiden Formen $f$ und $g$, und schreibt dafür abkürzend $(f, g)^h$:

$$(114) \qquad (f, g)^h = (\alpha, \beta)^h\, a_x^{k-h}\, b_x^{k'-h}.$$

Wenn $h = k = k'$ gesetzt wird, so entsteht die Apolare. Will man die $h$-te Überschiebung im allgemeinen Fall wirklich ausrechnen, so interessiert vor allem das Leitglied, also der Koeffizient des Gliedes höchsten Grades in $x$. Dieser ist:

$$(\alpha, \beta)^h\, \alpha_1^{k-h}\, \beta_1^{k'-h} = (\alpha_1 \beta_2 - \alpha_2 \beta_1)^h\, \alpha_1^{k-h}\, \beta_1^{k'-h}$$

$$= \alpha_1^k\, \beta_1^{k'-h}\, \beta_2^h - \binom{h}{1}\, \alpha_1^{k-1}\, \alpha_2\, \beta_1^{k'-h+1}\, \beta_2^{h-1} + \cdots +$$

$$+ (-1)^\nu \binom{h}{\nu}\, \alpha_1^{k-\nu}\, \alpha_2^\nu\, \beta_1^{k'-h+\nu}\, \beta_2^{h-\nu} + \cdots + (-1)^h\, \alpha_1^{k-h}\, \alpha_2^h\, \beta_1^{k'},$$

und das ergibt bei Einführung der $a, b$:

$$S(a, b) = a_0\, b_h - \binom{h}{1}\, a_1\, b_{h-1} + \cdots +$$

$$+ (-1)^\nu \binom{h}{\nu}\, a_\nu\, b_{h-\nu} + \cdots + (-1)^h\, a_h\, b_0.$$

Das ist formal die Apolare zweier Formen $h$-ten Grades und damit tatsächlich eine Semiinvariante der Formen der Grade $k$ und $k'$, nach Satz 2.18., der sich sofort auf Simultaninvarianten überträgt.

Die Bildung der Überschiebung einer Form mit sich selbst ist so zu verstehen, daß man zunächst die Überschiebung zweier verschiedener Formen gleichen Grades bildet und dann die Koeffizienten identifiziert. Man schreibt dafür:

$$(f, f)^h.$$

Der Ausdruck wird jedoch nur dann nicht identisch 0, wenn $h$ gerade ist (vgl. Satz 2.5. und 2.6.).

Wir haben eine Basis des Systems aller Kovarianten für die Formen 2. bis 4. Grades aufgestellt (S. 76 bis 81). Diese Kovarianten schreiben sich im Falle $k = 4$ im symbolischen Kalkül so:

$$f = a_x^4, \qquad 2h = (f, f)^2 = (\alpha, \beta)^2 \, a_x^2 \, b_x^2,$$

$$j = 2(f, h) = (\alpha, \beta)^2 \, (\gamma, \beta) \, c_x^3 \, a_x^2 \, b_x,$$

$$2P = (f, f)^4 = (\alpha, \beta)^4, \qquad 6Q = 2(f, h)^4 = (\alpha, \beta)^2 \, (\beta, \gamma)^2 \, (\alpha, \gamma)^2.$$

Der symbolische Kalkül läßt sich leicht auf *Formen in beliebig vielen Veränderlichen* übertragen. Auch hier können wir uns auf das Studium solcher Invarianten und Kovarianten beschränken, die in den Koeffizienten der Formen linear sind.

Es liege also ein System von Formen in $n$ Veränderlichen vor:

$$(115) \qquad\qquad f(a, x), \qquad g(b, x), \quad \ldots$$

Die Formen seien mit Polynomialkoeffizienten geschrieben, also z. B.:

$$f(a, x) = \sum \frac{k!}{\varkappa_1! \, \varkappa_2! \cdots \varkappa_n!} \, a_{\varkappa_1 \varkappa_2 \ldots \varkappa_n} \, x_1^{\varkappa_1} x_2^{\varkappa_2} \cdots x_n^{\varkappa_n}, \qquad \sum_\nu \varkappa_\nu = k.$$

Wir spezialisieren das Formensystem (115) indem wir setzen:

$$(116) \qquad\qquad f(a, x) = a_x^k, \qquad g(b, x) = b_x^{k'}, \quad \ldots,$$

wobei:

$$a_x = \alpha_1 \, x_1 + \alpha_2 \, x_2 + \cdots + \alpha_n \, x_n,$$

$$(116\,\mathrm{a}) \qquad b_x = \beta_1 \, x_1 + \beta_2 \, x_2 + \cdots + \beta_n \, x_n,$$

$$\cdots\cdots\cdots\cdots\cdots\cdots\cdots\cdots\cdots$$

Dann wird

$$a_{\varkappa_1 \varkappa_2 \ldots \varkappa_n} = \alpha_1^{\varkappa_1} \alpha_2^{\varkappa_2} \cdots \alpha_n^{\varkappa_n},$$

$$(117) \qquad b_{\lambda_1 \lambda_2 \ldots \lambda_n} = \beta_1^{\lambda_1} \beta_2^{\lambda_2} \cdots \beta_n^{\lambda_n},$$

$$\cdots\cdots\cdots\cdots\cdots\cdots\cdots\cdots\cdots$$

Man faßt nun insbesondere Simultaninvarianten und -kovarianten des Systems (116a) ins Auge, die in bezug auf die $\alpha$ homogen vom Grade $k$, in bezug auf die $\beta$ homogen vom Grade $k'$, ... sind. Vermöge (117) kann man die Potenzprodukte in den $\alpha$ durch die $a$, die in den $\beta$ durch die $b$, ... ersetzen, und erhält so mehrfach lineare Invarianten bzw. Kovarianten des Systems (115).

Auch die auf S. 95 und 97 gegebenen speziellen Beispiele von Invarianten bzw. Kovarianten des linearen Systems, die obigen Homogenitätsbedingungen genügen, lassen sich sofort verallgemeinern: Werden die Veränderlichen der Substitution

$$x = s^{\mathsf{T}}(x')$$

unterworfen, so erfahren die Koeffizienten der Formen (116a) die Substitution:

$$\alpha' = s(\alpha), \quad \beta' = s(\beta), \quad \ldots .$$

Eine Simultaninvariante der Formen (116a) ist also einfach eine Simultaninvariante $h$-ter Stufe der allgemeinen linearen Gruppe, wenn $h$ die Anzahl der Formen (116a) oder (115) ist. Schreiben wir die Koeffizienten des Formensystems (116a) als Matrix von $n$ Spalten und $h$ Zeilen auf:

$$\begin{pmatrix} \alpha_1 & \alpha_2 & \cdots & \alpha_n \\ \beta_1 & \beta_2 & \cdots & \beta_n \\ \gamma_1 & \gamma_2 & \cdots & \gamma_n \\ \multicolumn{4}{c}{\cdots\cdots\cdots\cdots} \end{pmatrix},$$

so ist im Falle $h \geqq n$ jede $n$-reihige Unterdeterminante dieser Matrix eine Simultaninvariante der Formen (116a), während es im Falle $h < n$ keine solchen gibt (vgl. Satz 1.5.). Führen wir für eine solche Unterdeterminante, je nachdem welche Zeilen der Matrix sie enthält, das Symbol $(\alpha, \beta, \gamma, \ldots)$ ein, so stellt das Produkt

$$(118) \qquad \Pi(\alpha, \beta, \gamma, \ldots)^\lambda$$

symbolisch eine Simultaninvariante des Formensystems (115) dar, wenn die Exponenten $\lambda$ der Bedingung genügen, daß die Summe derjenigen, die zu einer $\alpha$ enthaltenden Klammer gehören, gleich $k$ ist usw. Ebenso stellt

$$(118a) \qquad \Pi(\alpha, \beta, \gamma, \ldots)^\lambda \, a_x^\varrho \, b_x^\sigma \, c_x^\tau \cdots$$

eine Kovariante des Systems (115) dar, wenn wieder entsprechende Bedingungen für die Exponenten $\lambda, \varrho, \sigma, \tau, \ldots$ vorgeschrieben werden.

**Beispiele:** Liegen $n$ Formen vom Grade $k$ vor, deren Koeffizienten $\alpha, \beta, \ldots, \nu$ seien, so stellt das Symbol

$$(\alpha, \beta, \ldots, \nu)^k$$

eine Verallgemeinerung der Apolaren bei zwei Veränderlichen und zwei Formen dar. Identifiziert man nachträglich die Formen, so erhält man eine Invariante $n$-ten Grades der Form $k$-ten Grades. Man beweist wie Satz 2.6., daß diese Invariante dann und nur dann identisch verschwindet, wenn $k$ ungerade ist.

Zur Verallgemeinerung des Überschiebungsprozesses benötigt man ebenfalls $n$ Formen. Ihre Grade seien

$$k, k', k'', \ldots, k^{(n-1)}.$$

Wiederum sei $h$ eine ganz Zahl, die der Bedingung genügt:

$$0 \leqq h \leqq \min(k, k', \ldots, k^{(n-1)}).$$

Dann nennt man

(119) $$(f, g, \ldots)^h = (\alpha, \beta, \gamma, \ldots, \nu)^h\, a_x^{k-h}\, b_x^{k'-h} \cdots$$

die $h$-te Überschiebung der Formen $f, g, \ldots$.

## § 11. Anhang: Kriterien für Invarianten von Formen in beliebig vielen Veränderlichen

Wir fassen nur eine Form ins Auge, doch lassen sich die folgenden Betrachtungen ohne Mühe auf den Fall mehrerer Formen übertragen. Genau wie bei den binären Formen gewinnen wir notwendige und hinreichende Bedingungen für Invarianten, indem wir die Invarianteneigenschaft für ein System von erzeugenden Substitutionen der Gruppe $\mathfrak{L}_n$ verlangen. Als solches legen wir das in Satz 1.20.c) genannte zugrunde. Unsere Form sei:

$$f(a, x) = \sum \frac{k!}{\varkappa_1!\, \varkappa_2! \cdots \varkappa_n!}\, a_{\varkappa_1 \varkappa_2 \ldots \varkappa_n}\, x_1^{\varkappa_1} x_2^{\varkappa_2} \cdots x_n^{\varkappa_n}.$$

1) Bei der Multiplikation der Veränderlichen mit $\omega$:

$$x_\nu = \omega\, x'_\nu, \quad \nu = 1, 2, \ldots, n,$$

erfahren die Koeffizienten eine Multiplikation mit $\omega^k$. Eine Invariante muß also homogen sein, und außerdem ergibt sich wieder die Gewichtsregel

$$r\, k = n\, p,$$

wenn $r$ der Grad der Invariante ist.

2) Der Transposition $(1,2)$ der Veränderlichen entspricht folgende Substitution der Koeffizienten:

$$a'_{\varkappa_1 \varkappa_2 \ldots \varkappa_n} = a_{\varkappa_2 \varkappa_1 \ldots \varkappa_n}.$$

Die hieraus folgende Forderung an eine Invariante

$$I(a') = (-1)^p\, I(a)$$

bedeutet eine gewisse Symmetrieeigenschaft, die sogenannte Symmetrie 1. Art.

3) Dem Zyklus $(1, 2, \ldots, n)$, also der Substitution $x_1 = x'_n$, $x_2 = x'_1, \ldots, x_n = x'_{n-1}$, entspricht die Substitution der Koeffizienten:

(120) $$a'_{\varkappa_1 \varkappa_2 \ldots \varkappa_n} = a_{\varkappa_n \varkappa_1 \ldots \varkappa_{n-1}}.$$

Danach ist von einer Invariante die Symmetrie 2. Art zu verlangen:

(120a) $$I(a') = (-1)^{(n-1)p}\, I(a).$$

4) Um übersehen zu können, was die Forderung der Invarianz gegenüber der Verschiebung $x = s^{\mathsf{T}}(x')$ mit $s^{\mathsf{T}} = \mathfrak{U}_{12}(t)$ bedeutet, wollen wir die Form $f(a, x)$ nach Potenzprodukten der Veränderlichen $x_3, x_4, \ldots, x_n$ ordnen:

$$(121) \qquad f(a, x) = \sum \frac{k!}{\varkappa_3! \varkappa_4! \cdots \varkappa_n!} \; \varphi_{\varkappa_3 \ldots \varkappa_n}(x_1, x_2) \; x_3^{\varkappa_3} \cdots x_n^{\varkappa_n}.$$

Die Koeffizienten $\varphi(x_1, x_2)$ sind allgemeine binäre Formen vom Grad $\varkappa_1 + \varkappa_2$, mit Binomialkoeffizienten geschrieben (abgesehen von einem für ein bestimmtes $\varphi$ konstanten Faktor). Nur sie werden, jede für sich, von der Verschiebung $\mathfrak{U}_{12}(t)$ berührt; die Koeffizienten von $\varphi$ erfahren dabei die aus der Theorie der binären Formen bekannte Substitution (vgl. S. 37). Eine Invariante muß sich also gegenüber einer Verschiebung $\mathfrak{U}_{12}(t)$ verhalten, wie eine Simultaninvariante des Formensystems der $\varphi_{\varkappa_3 \ldots \varkappa_n}$, d. h., sie muß der Differentialgleichung genügen (vgl. S. 40):

$$\mathscr{D}F = \sum \mathscr{D}^{(\varkappa_3 \cdots \varkappa_n)} F = 0,$$

wobei $\mathscr{D}^{(\varkappa_3 \cdots \varkappa_n)}$ den auf die Koeffizienten von $\varphi_{\varkappa_3 \ldots \varkappa_n}$ bezüglichen $\mathscr{D}$-Prozeß bedeutet.

Man kann auch die Kriterien unter 2) und 4) zusammenfassen; denn die Substitutionen, aus denen sie sich ergeben, beziehen sich beide nur auf die Veränderlichen $x_1$ und $x_2$. Somit gilt der

**Satz 2.30.** *Eine ganze rationale Funktion in den Koeffizienten einer Form in beliebig vielen Veränderlichen ist dann und nur dann eine projektive Invariante, wenn sie 1) homogen ist, 2) die Symmetrie 2. Art besitzt (vgl. (120) und (120a)), 3) eine Simultaninvariante des Systems der binären Formen $\varphi_{\varkappa_3 \ldots \varkappa_n}$ (vgl. (121)) ist.*

# III. Endlichkeitsfragen

In diesem Abschnitt wird uns die Frage beschäftigen, ob das System der Invarianten irgendeiner Gruppe eine Basis besitzt, d. h. (vgl. S. 9), ob sich alle Invarianten durch endlich viele ausdrücken lassen. In der Invariantentheorie der allgemeinen linearen Gruppe $\mathfrak{L}_n$ (der sog. projektiven Invariantentheorie) gilt der

**Satz:** *Alle Invarianten und Kovarianten eines Formensystems lassen sich als ganze rationale Funktionen von endlich vielen Invarianten bzw. Kovarianten ausdrücken.*

Der Beweis dieses Satzes ist keineswegs einfach, auch schon für den Spezialfall binärer Formen. Hierfür hat ihn zuerst GORDAN mit Hilfe des symbolischen Kalküls geführt. HILBERT führte den Beweis für beliebig viele Veränderliche. Er stützt sich auf ein sehr allgemeines Prinzip, den **Hilbertschen Formensatz***.

## § 1. Der Hilbertsche Formensatz

**Satz 3.1.** *In jedem System $\mathfrak{S}$ von Formen in $n$ Veränderlichen mit reellen oder komplexen Koeffizienten gibt es endlich viele Formen*

$$F_1, F_2, \ldots, F_k,$$

*so daß jede beliebige Form des Systems sich darstellt als Linearkombination dieser speziellen Formen mit Koeffizienten, die selbst Formen mit reellen bzw. komplexen Koeffizienten sind (die aber nicht notwendig zum System gehören).*

Irgendein Teilsystem, das diese Eigenschaft besitzt, nennt man eine **Modulbasis** des Gesamtsystems. Somit läßt sich der Satz auch so aussprechen:

**Satz 3.1'.** *Jedes Formensystem besitzt eine endliche Modulbasis.*

Es wird nicht verlangt, daß jede Linearkombination der Basis dem System angehöre. Ist dies der Fall, so heißt das System ein **Modulsystem****.

Die Koeffizienten, mit deren Hilfe sich irgendeine Form des Systems durch die Modulbasis ausdrückt, brauchen nicht eindeutig bestimmt zu

---

sein; mit anderen Worten: Die Formen der Basis können voneinander abhängen.

*Beweis* von Satz 3.1.: Der Satz ist trivial, wenn es sich um ein endliches System handelt; ebenso, wenn das System eine von 0 verschiedene Konstante enthält: Diese selbst ist Modulbasis.

1) Hilfsbetrachtung: Es liege eine Form $m$-ten Grades in den $x_\nu$ vor: $f(x_1, x_2, \ldots, x_n)$. Dann läßt sich stets eine lineare Substitution mit nicht verschwindender Determinante

$$x_\varkappa = \sum_{\lambda=1}^{n} \alpha_{\varkappa\lambda} y_\lambda$$

angeben, die $f$ in eine Funktion der $y_\nu$ überführt, in der der Koeffizient von $y_1^m$ nicht verschwindet. Denn $f$ ist eine Summe von Potenzprodukten $m$-ten Grades:

$$f = \sum c\, x_1^{\mu_1} x_2^{\mu_2} \cdots x_n^{\mu_n}, \qquad \sum_{\nu=1}^{n} \mu_\nu = m.$$

Führt man hierin die Substitution aus, so erhält man als Koeffizient von $y_1^m$:

$$\sum c\, \alpha_{11}^{\mu_1} \alpha_{21}^{\mu_2} \cdots \alpha_{n1}^{\mu_n} = f(\alpha_{11}, \alpha_{21}, \ldots, \alpha_{n1}),$$

und wenn $f$ nicht identisch verschwindet, so lassen sich nach dem auf S. 7 (Fußnote) erwähnten Satz die $\alpha$ so wählen, daß dieser Ausdruck, wie auch die Determinante der $\alpha$, von 0 verschieden ist. (Man kann sogar noch vorschreiben, daß die Substitution ganzzahlige Koeffizienten besitzen soll.)

Es sei nun $f$ irgendein Element des vorliegenden Formensystems. Wir wenden unsere Substitution auf alle Formen des Systems an und bekommen so ein Formensystem in den $y_\nu$. Ist für dieses der Satz bewiesen, so auch für das ursprüngliche; denn aus jeder Beziehung zwischen den Formen des neuen Systems folgt durch Rücktransformation eine solche zwischen den entsprechenden Formen des alten Systems.

2) Sehr einfach ist der Beweis im Falle einer einzigen Veränderlichen. Jede Form des Systems ist hier von der Gestalt

$$F = c_m\, x^m, \qquad m \geqq 1.$$

Unter den Zahlen $m$ kommt eine kleinste vor, sie heiße $\mu$; die zugehörige Form ist:

$$F_0 = c_\mu\, x^\mu, \qquad c_\mu \neq 0.$$

Dann läßt sich jedes $F$ so schreiben:

$$F = \frac{c_m}{c_\mu}\, x^{m-\mu} F_0, \qquad m - \mu \geqq 0,$$

womit der Beweis erbracht ist.

3) **Jetzt** nehmen wir an, der Satz sei bewiesen für $n$ Veränderliche, und schließen daraus auf seine Gültigkeit bei $n + 1$ Veränderlichen. Diese seien

$$x_1, x_2, \ldots, x_n, t,$$

und wir setzen zunächst voraus, die Grade der Formen $F$ unseres Systems in bezug auf $t$ seien beschränkt; ihr Maximum sei $r$. Dann läßt sich jedes $F$ so schreiben:

$$(122) \qquad F = t^r G(x) + H(t, x),$$

wobei $H$ von niedrigerem als $r$-tem Grade in $t$ ist. $G(x)$ kann auch identisch verschwinden. Ist $r = 0$, so ist der Satz nach Induktionsannahme bewiesen. Wir wenden nun nochmals vollständige Induktion an, indem wir die hier zu beweisende Behauptung als richtig ansehen für $r - 1$ und daraus ihre Gültigkeit für $r$ beweisen:

Vermöge (122) bestimmt jedes $F$ ein $G$, das nur noch $n$ Veränderliche enthält. Für die Gesamtheit der $G$ gilt der Satz; somit läßt sich jedes $G$ in der Gestalt schreiben:

$$G(x) = B_1 G_1 + B_2 G_2 + \cdots + B_k G_k,$$

worin die $G_\varkappa$ eine Modulbasis des Systems der $G$ sind. Gibt es zu einem $G(x)$ mehrere solche Darstellungen, so denken wir uns eine derselben herausgegriffen.

Nach (122) entspringt jedes $G_\varkappa$ einem $F_\varkappa$:

$$F_\varkappa = t^r G_\varkappa(x) + H_\varkappa(t, x).$$

Für jedes $F$ gilt nun:

$$(122\,\mathrm{a}) \qquad \begin{aligned} F - \sum_{\varkappa=1}^{k} B_\varkappa F_\varkappa &= t^r \left( G - \sum_{\varkappa=1}^{k} B_\varkappa G_\varkappa \right) + H - \sum_{\varkappa=1}^{k} B_\varkappa H_\varkappa \\ &= H - \sum_{\varkappa=1}^{k} B_\varkappa H_\varkappa = K. \end{aligned}$$

Jedem $F$ ist so eine Form $K$ zugeordnet, die höchstens noch vom Grade $r - 1$ in $t$ ist. Für das System aller $K$ gilt der Satz somit nach der zweiten Induktionsannahme. $K_1, K_2, \ldots, K_l$ sei eine Modulbasis dieses Systems. Jedes $K$ ist also darstellbar in der Gestalt:

$$K = \sum_{\lambda=1}^{l} C_\lambda K_\lambda.$$

Gemäß (122a) entspringt aber jedes $K_\lambda$ einem $F^{(\lambda)}$:

$$K_\lambda = F^{(\lambda)} - \sum_{\varkappa=1}^{k} B_\varkappa^{(\lambda)} F_\varkappa.$$

Somit ist

$$K = F - \sum_{\varkappa=1}^{k} B_\varkappa F_\varkappa = \sum_{\lambda=1}^{l} C_\lambda K_\lambda$$

$$= \sum_{\lambda=1}^{l} C_\lambda \left( F^{(\lambda)} - \sum_{\varkappa=1}^{k} B_\varkappa^{(\lambda)} F_\varkappa \right).$$

Nach $F$ aufgelöst gibt das:

$$(122\,\mathrm{b}) \qquad F = \sum_{\varkappa=1}^{k} B_\varkappa F_\varkappa + \sum_{\lambda=1}^{l} C_\lambda \left( F^{(\lambda)} - \sum_{\varkappa=1}^{k} B_\varkappa^{(\lambda)} F_\varkappa \right) =$$

$$= A_1 F_1 + A_2 F_2 + \cdots + A_k F_k + A^{(1)} F^{(1)} + \cdots + A^{(l)} F^{(l)}.$$

Dabei ist nicht gesagt, daß alle $A$ Formen sind. Zerlegen wir jedoch jedes Glied der rechten Seite in eine Summe von homogenen Bestandteilen, so müssen schon diejenigen allein unter ihnen zusammen $F$ ergeben, die denselben Grad wie $F$ haben, die anderen müssen sich gegenseitig herausheben. Somit genügt es, von $A_\varkappa$ diejenigen Glieder beizubehalten, deren Grad, zu dem von $F_\varkappa$ addiert, den Grad von $F$ ergibt. Die Summe dieser Glieder ist aber jeweils eine Form. Damit ist gezeigt, daß die $F_\varkappa$ und die $F^{(\lambda)}$ zusammen eine Modulbasis des Systems der $F$ bilden.

4) Jetzt lassen wir die Voraussetzung fallen, daß der Grad der $F$ in bezug auf $t$ beschränkt sei. Wir greifen eine beliebige Form $F_0$ heraus, die von $t$ abhängt. Sie sei in der Gesamtheit der $n + 1$ Veränderlichen vom Grade $r$. Auf Grund von 1) dürfen wir annehmen, daß sie das Glied $c\,t^r\,(c \neq 0)$ enthält. Wir dividieren jede Form unseres Systems durch $F_0$:

$$F = Q F_0 + R.$$

Vermöge dieser Formel gewinnen wir ein System von Formen $R$, deren Grad in bezug auf $t$ kleiner als $r$, also beschränkt ist. Für dieses System gilt nach 3) unser Satz schon. Wir können also schreiben:

$$F - Q F_0 = R = \sum_{\varkappa=1}^{k} B_\varkappa R_\varkappa.$$

Jedes $R_\varkappa$ entstammt einem gewissen $F_\varkappa$:

$$R_\varkappa = F_\varkappa - Q_\varkappa F_0.$$

Dies in die vorhergehende Formel eingesetzt ergibt:

$$F = Q F_0 + \sum_{\varkappa=1}^{k} B_\varkappa (F_\varkappa - Q_\varkappa F_0),$$

woraus zu ersehen ist, daß $F_0, F_1, \ldots, F_k$ eine Modulbasis des Systems der $F$ bilden, wenn man noch die Bemerkung am Ende von 3) heranzieht.

Wir schließen an unseren Beweis die folgende wichtige *Bemerkung* an: Ist ein System $\mathfrak{S}$ von Formen in $x_1, \ldots, x_n$ gegeben, d. h., ist für jede Form in diesen Veränderlichen entscheidbar, ob sie zu $\mathfrak{S}$ gehört oder nicht, so gilt nicht das Gleiche für das System $\mathfrak{S}'$ der Formen $R$, die in 4) auftraten. Denn zur Entscheidung, ob eine Form zu $\mathfrak{S}'$ gehört oder nicht, sind unter Umständen unendlich viele Schritte nötig. Man hat nämlich die Vielfachen $Q F_0$ von $F_0$ zu bilden, wo $Q$ alle Formen durchläuft mit $\operatorname{Grad} Q = \operatorname{Grad} R - \operatorname{Grad} F_0$, dann ist zu prüfen, ob ein $Q F_0 + R$ zu $\mathfrak{S}$ gehört, d. h. es sind im allgemeinen unendlich viele Entscheidungen zu treffen. Das bedeutet, daß unser Beweis keine Methode zur Aufstellung einer Modulbasis für $\mathfrak{S}$ enthält, auch wenn $\mathfrak{S}$ in dem oben dargelegten Sinne gegeben ist.

Gewöhnlich spricht man den Satz für Formen aus, er gilt aber auch für nicht homogene Polynome. Ordnet man nämlich jedem solchen Polynom $F(x_1, x_2, \ldots, x_n)$ die Form $t^m F(x/t)$ zu ($m$: Grad von $F$) und wendet dann den Satz auf das so gewonnene Formensystem an, so erkennt man sofort seine Gültigkeit für das ursprüngliche System, indem man $t = 1$ setzt.

## § 2. Invarianten endlicher Gruppen

Es liege eine beliebige endliche Gruppe $\mathfrak{G}$ von Substitutionen $s$ vor. Ihre Ordnung sei $h$, ihre Elemente seien

$$s_1, s_2, \ldots, s_h.$$

$t$ sei ein festes Element der Gruppe. Dann durchlaufen $st$ und $ts$ jeweils die ganze Gruppe $\mathfrak{G}$, wenn $s$ ganz $\mathfrak{G}$ durchläuft.

Wir gehen von irgendeiner ganzen rationalen Funktion $F(x)$ in $n$ Veränderlichen $x_1, \ldots, x_n$ aus und wenden auf sie jede Substitution $s$ der Gruppe $\mathfrak{G}$ an. Es sei:

$$F_\nu = F(x^{s_\nu}), \quad \nu = 1, 2, \ldots, h.$$

Jede symmetrische Funktion der $F_\nu$ ist eine absolute Invariante von $\mathfrak{G}$, wenn sie nicht identisch verschwindet. Das ist jedoch sicher nicht der Fall bei dem Produkt

$$(123) \qquad F_1 F_2 \cdots F_h = \prod_s F(x^s),$$

wenn nicht $F$ selbst identisch verschwindet. Eine Invariante ist insbesondere auch

$$(124) \qquad \frac{1}{h} \sum_s F(x^s),$$

falls der Ausdruck nicht identisch verschwindet.

Nach diesen Vorbereitungen beweisen wir zunächst die Existenz einer endlichen Basis für die Gesamtheit der nicht konstanten absoluten

Invarianten einer endlichen Gruppe. Es genügt, nur homogene Invarianten ins Auge zu fassen (s. S. 8).

Nach dem Hilbertschen Formensatz besitzt dieses System eine Modulbasis

$$I_1, I_2, \ldots, I_k.$$

Eine beliebige absolute Invariante $I$ von $\mathfrak{G}$ wird also dargestellt durch einen Ausdruck der Form

$$(125) \qquad I = A_1 I_1 + A_2 I_2 + \cdots + A_k I_k,$$

wobei die $A_\varkappa$ — soweit nicht identisch 0 — Formen sind; ist $r$ der Grad von $I$, $r_\varkappa$ der von $I_\varkappa (\varkappa = 1, \ldots, k)$, so kann jedes $A_\varkappa \neq 0$ als Form vom Grade $r - r_\varkappa$ gewählt werden, da sich in (125) ja alle Glieder mit Grad $A_\varkappa I_\varkappa \neq r$ gegeneinander herausheben müssen.

Die $A_\varkappa$ sind im allgemeinen keine Invarianten. Wir wollen jedoch zeigen, daß man sie auch als Invarianten wählen kann. Zu diesem Zweck üben wir auf die Identität (125) jede Substitution von $\mathfrak{G}$ aus und bekommen, da $I(x)$ und die $I_\varkappa(x)$ absolute Invarianten von $\mathfrak{G}$ sind:

$$I(x) = A_1(x^s) I_1(x) + \cdots + A_k(x^s) I_k(x).$$

Addition aller dieser Gleichungen für die $h$ Substitutionen aus $\mathfrak{G}$ ergibt:

$$I(x) = \frac{1}{h} \left( \sum A_1(x^s) \right) I_1(x) + \cdots + \frac{1}{h} \left( \sum A_k(x^s) \right) I_k(x).$$

Die Faktoren der $I_\varkappa(x)$ sind entweder identisch 0 oder Formen der Grade $r - r_\varkappa (\varkappa = 1, \ldots, k)$ und dann nach (124) absolute Invarianten von $\mathfrak{G}$. Wir bezeichnen sie mit $J_1(x)$, $J_2(x), \ldots, J_k(x)$; somit gilt:

$$(126) \qquad I(x) = J_1(x) I_1(x) + J_2(x) I_2(x) + \cdots + J_k(x) I_k(x).$$

Nun gehören die $J_\varkappa$ dem System der absoluten Invarianten an, sind aber alle von niedrigerem Grad als $I$ (da sämtliche $r_\varkappa > 0$; Konstanten hatten wir ja aus unserem Invariantensystem ausgeschlossen). Somit lassen sich die $J_\varkappa$ in der gleichen Weise durch die $I_\varkappa$ ausdrücken wie $I$, mit Koeffizienten, die Invarianten von $\mathfrak{G}$ sind von niedrigerem Grad als das betreffende $J_\varkappa$ u. s. f. Schließlich bekommt man als Koeffizienten Konstante. Indem man dann rückwärts jede Darstellung in die vorhergehende einsetzt, bekommt man $I$ als ganze rationale Funktion der $I_\varkappa$*. Jede Modulbasis des Systems der absoluten Invarianten ist also eine Basis im früheren Sinn (vgl. Definition S. 9), die man nach Emmy Noether auch **Integritätsbasis** nennt.

Wir haben also bewiesen: Für die absoluten Invarianten einer endlichen Gruppe existiert eine Integritätsbasis. (Die Konstanten brauchen jetzt natürlich nicht mehr ausgeschlossen zu werden.)

---

* Die absoluten Invarianten liegen also in einem über dem reellen bzw. komplexen Zahlkörper endlich erzeugten Ring.

Wir wollen dasselbe auch für relative Invarianten beweisen. Zu diesem Zweck zeigen wir zunächst, daß es bei einer endlichen Gruppe nur endlich viele verschiedene Faktorensysteme geben kann. Für ein solches Faktorensystem gilt die Gleichung (s. S. 5)

$$(127) \qquad\qquad \gamma_s \gamma_t = \gamma_{st}.$$

Wird jedem Gruppenelement $s$ eine komplexe Zahl $\gamma_s$ zugeordnet, derart, daß (127) gilt, so heißt dieses Zahlensystem ein **linearer Charakter** von $\mathfrak{G}$. Wir beweisen den

**Hilfssatz.** *Zu einer endlichen Gruppe gibt es nur endlich viele lineare Charaktere.*

*Beweis:* Man denke sich in (127) $t$ festgehalten, während $s$ die ganze Gruppe durchlaufen soll:

$$\gamma_{s_\nu} \gamma_t = \gamma_{s_\nu t}, \qquad \nu = 1, 2, \ldots, h.$$

Nun bilde man rechts und links das Produkt über alle $\nu$. Nach der einleitenden Bemerkung S. 106 bekommt man dann

$$(128) \qquad \gamma_t^h \prod \gamma_{s_\nu} = \prod \gamma_{s_\nu}, \quad \text{also} \quad \gamma_t^h = 1.$$

Jedes $\gamma$ ist somit eine $h$-te Einheitswurzel, und daraus folgt die Behauptung.

Übrigens ist die Anzahl der danach noch verbleibenden Möglichkeiten viel größer als die wirkliche Anzahl der Charaktere. In der Gruppentheorie beweist man, daß es ihrer höchstens $h$ geben kann; bei einer abelschen Gruppe sind es genau $h$.

Wir fassen nun die Gesamtheit der homogenen Invarianten $K$ ins Auge, die zu einem bestimmten Faktorensystem $\gamma_s$ gehören. Eine Modulbasis dieses Systems sei:

$$K_1, K_2, \ldots, K_l.$$

Jedes $K$ ist also darstellbar in der Form:

$$K = A_1 K_1 + A_2 K_2 + \cdots + A_l K_l.$$

Indem man die Substitutionen $s$ ausführt, findet man:

$$K(x^s) = \gamma_s K(x) = A_1(x^s)\,\gamma_s K_1(x) + \cdots + A_l(x^s)\,\gamma_s K_l(x),$$

oder:

$$K(x) = A_1(x^s) K_1(x) + \cdots + A_l(x^s) K_l(x).$$

Indem man über $s$ summiert, findet man:

$$K(x) = J_1(x) K_1(x) + \cdots + J_l(x) K_l(x),$$

wo die $J_\lambda$ (soweit nicht identisch 0) absolute Invarianten von $\mathfrak{G}$ sind. Da der Satz für absolute Invarianten $J$ schon bewiesen ist, gilt also: Jede zum Faktorensystem $\gamma_s$ gehörige Invariante läßt sich als ganze rationale Funktion der $K_1, \ldots, K_l$ und der Elemente $I_1, \ldots, I_k$ der

Integritätsbasis des Systems der absoluten Invarianten darstellen. Folglich bilden die Modulbasen der verschiedenen — zu den einzelnen Faktorensystemen (endlich viele!) gehörigen — Invariantensysteme zusammen eine Integritätsbasis des gesamten Invariantensystems von $\mathfrak{G}$.

Die Ergebnisse lassen sich zusammenfassen in dem

**Satz 3.2.:** *Für die absoluten und für die relativen Invarianten einer endlichen Substitutionsgruppe gibt es je eine Integritätsbasis. Die zu einem bestimmten linearen Charakter als Faktorensystem gehörigen Invarianten besitzen eine Modulbasis, derart, daß sich jede Invariante zu diesem Charakter als Linearverbindung der Basiselemente mit Koeffizienten aus dem System der absoluten Invarianten darstellen läßt.*

Das Vorhergehende legt die Frage nahe: Gibt es zu jedem linearen Charakter Invarianten, die diesen als Faktorensystem besitzen? Wir wollen beweisen, daß das der Fall ist. Das gelingt uns, indem wir zu einem gegebenen Faktorensystem $\gamma_s$ Invarianten konstruieren nach einem Verfahren, das dem von S. 106 zur Konstruktion von absoluten Invarianten analog ist. Wir üben auf eine beliebige ganze rationale Funktion $F(x)$ in den $n$ Veränderlichen $x_1, \ldots, x_n$ sämtliche Substitutionen $s$ unserer Gruppe aus und bilden dann den Ausdruck:

$$(129) \qquad J(x) = \frac{1}{h} \sum_s \gamma_s^{-1} F(x^s) = \frac{1}{h} \sum_s \gamma_{s^{-1}} F(x^s).$$

Wenn dieser Ausdruck nicht identisch verschwindet, so stellt er eine Invariante von $\mathfrak{G}$ zum Faktorensystem $\gamma_s$ dar. Ist nämlich $t$ eine beliebige Substitution aus $\mathfrak{G}$, so ist (vgl. (6a))

$$J(x^t) = \frac{1}{h} \sum_s \gamma_{s^{-1}} F(x^{st}).$$

Setzt man $s\,t = u$, also $s^{-1} = t\,u^{-1}$, so kann man nach der Vorbemerkung S. 106 auf der rechten Seite obiger Gleichung über $u$ statt über $s$ summieren:

$$J(x^t) = \frac{1}{h} \sum_u \gamma_{tu^{-1}} F(x^u) = \frac{1}{h} \gamma_t \sum_u \gamma_{u^{-1}} F(x^u) = \gamma_t J(x)$$

w. z. b. w.

Es bleibt noch zu zeigen, daß $J(x)$ nicht bei allen Funktionen $F(x)$ identisch verschwindet. Man wende dazu obigen Prozeß auf die ersten $h$ Potenzen irgendeiner Funktion $F(x)$ an. Man erhält so die Invarianten

$$(129\,\mathrm{a}) \qquad J_\varkappa(x) = \frac{1}{h} \sum_s \gamma_s^{-1} F^\varkappa(x^s), \qquad \varkappa = 1, 2, \ldots, h.$$

Angenommen, diese Ausdrücke seien alle identisch 0, so wären das $h$ lineare homogene Gleichungen für die $h$ Faktoren $\gamma_s$ des Faktorensystems. Die Determinante dieses Gleichungssystems müßte also identisch verschwinden. Diese ist aber die Vandermondesche Determinante der $F(x^{s\varkappa})$ mal $h^{-h} \prod\limits_{\varkappa} F(x^{s\varkappa})$ $(\varkappa = 1, \ldots, h)$. Es müßte also gelten:

$$(130) \qquad \prod_{\alpha < \beta} \left( F(x^{s\alpha}) - F(x^{s\beta}) \right) \equiv 0.$$

Es ist also nur noch zu zeigen, daß man wenigstens eine Funktion $F(x)$ angeben kann, für die keine der Differenzen $F(x^{s\alpha}) - F(x^{s\beta})$, $\alpha \neq \beta$, identisch verschwindet. Wir setzen $F(x)$ speziell in der Form

$$(131) \qquad F(x) = \sum_{\nu = 1}^{n} u_\nu\, x_\nu$$

an, wobei wir uns die Wahl der reellen oder komplexen Koeffizienten $u_\nu\,(\nu = 1, \ldots, n)$ vorbehalten. Dann ist

$$F(x^{s\alpha}) - F(x^{s\beta}) = \sum_{\nu = 1}^{n} u_\nu\,(x_\nu^{s\alpha} - x_\nu^{s\beta}).$$

Dieser Ausdruck verschwindet bei variablen $u_\nu$ und $x_\nu$ nicht identisch, da nicht alle Klammern $(x_\nu^{s\alpha} - x_\nu^{s\beta})$ identisch verschwinden (vgl. S. 1). Also verschwindet auch (130) (als Funktion der $x_\nu$ und $u_\nu$) nicht identisch. Daher ist es möglich (s. S. 7 Fußnote), die $u_\nu$ numerisch so zu spezialisieren, daß die verbleibende Funktion der $x_\nu$ nicht identisch verschwindet. Mit diesen $u_\nu$ ergibt dann (131) eine Funktion $F(x)$, die, in (129a) eingesetzt, für mindestens ein $\varkappa$ eine nicht verschwindende Invariante zum Faktorensystem $\gamma_s$ liefert. Damit ist sogar, über die Behauptung hinausgehend, bewiesen, daß es unter den Polynomen bis zum $h$-ten Grad Relativinvarianten zu jedem Faktorensystem gibt. Das folgt in Anbetracht der Linearität von $F(x)$ sofort aus (129a). Im Falle der symmetrischen Gruppe $\mathfrak{S}_n$ ist $h = n!$ eine obere Schranke für den Minimalgrad einer Invarianten.

Es gilt also:

**Satz 3.3.** *Ist $\mathfrak{G}$ eine endliche Substitutionsgruppe der Ordnung $h$, $\gamma_s$ ein beliebiger linearer Charakter von $\mathfrak{G}$, so gibt es Relativinvarianten mit $\gamma_s$ als Faktorensystem, und unter ihnen gibt es solche, deren Grad höchstens $h$ ist.*

Da wir nicht in der Lage sind, eine Modulbasis eines Formensystems rechnerisch aufzustellen (vgl. die Bemerkung im Anschluß an den Beweis des Formensatzes, S. 106), so können wir auch nicht auf Grund der Beweise der beiden Endlichkeitssätze eine Basis der absoluten und der relativen Invarianten wirklich angeben. Eine Bemerkung von Emmy Noether* gestattet, diesen Mangel zu beseitigen. Wir geben diese Betrachtung hier in etwas abgeänderter, elementarer Form wieder.

---

* Math. Ann. **77**, 89—92 (1916).

1) Auf S. 109 hatten wir einen Prozeß kennengelernt, der zu jedem linearen Charakter $\gamma_s$ der vorliegenden Gruppe $\mathfrak{G}$ und zu jeder Funktion $F(x)$ eine neue Funktion herleitet, die eine relative Invariante ist, sofern sie nicht identisch verschwindet. Wir wollen diesen Prozeß mit $\mathscr{E}_\gamma(F)$ bezeichnen:

$$(132) \qquad \mathscr{E}_\gamma(F) = \frac{1}{h} \sum_s \gamma_s^{-1} F(x^s).$$

Er besitzt folgende Eigenschaften:

$$(132\,\mathrm{a}) \qquad \mathscr{E}_\gamma(F + G) = \mathscr{E}_\gamma(F) + \mathscr{E}_\gamma(G).$$

Ferner: Ist $I$ eine absolute Invariante, so ist:

$$(132\,\mathrm{b}) \qquad \mathscr{E}_\gamma(IF) = I\,\mathscr{E}_\gamma(F).$$

Endlich: Ist $J$ eine Relativinvariante des linearen Charakters $\gamma$, so ist:

$$(132\,\mathrm{c}) \qquad \mathscr{E}_\gamma(J) = J.$$

2) Gehen wir von einer beliebigen Funktion $F(x)$ aus und bilden die Ausdrücke

$$F(x^{s_1}),\, F(x^{s_2}),\, \ldots,\, F(x^{s_h}),$$

so ist nach S. 106 jede nicht identisch verschwindende symmetrische Funktion dieser Ausdrücke eine absolute Invariante; insbesondere gilt das von den elementarsymmetrischen Funktionen. Bilden wir also den Ausdruck

$$\left(v - F(x^{s_1})\right)\left(v - F(x^{s_2})\right) \cdots \left(v - F(x^{s_h})\right)$$

und entwickeln nach Potenzen von $v$, so sind die Koeffizienten, soweit nicht identisch 0, lauter absolute Invarianten:

$$v^h - I_1 v^{h-1} + \cdots + (-1)^h I_h.$$

Wenn wir für $v$ irgendein $F(x^s)$, insbesondere $F(x)$ selbst, setzen, so verschwindet der Ausdruck. Somit hat jede beliebige Funktion $F(x)$ die Eigenschaft, daß sich ihre $h$-te Potenz ausdrückt durch die niedrigeren Potenzen von $F(x)$ (einschließlich der nullten), wobei als Koeffizienten absolute Invarianten irgendeiner Gruppe $h$-ter Ordnung auftreten:

$$(133) \qquad F^h = I_1 F^{h-1} - I_2 F^{h-2} + \cdots + (-1)^{h-1} I_h.$$

Die $I_\mu$ sind dabei für verschiedene $F$ im allgemeinen verschieden.

Wenn wir die letzte Gleichung mit $F$ multiplizieren und dann rechts $F^h$ wieder durch die $h$ niedrigeren Potenzen ersetzen, so sehen wir, daß sich auch $F^{h+1}$ durch die $F^0, \ldots, F^{h-1}$ ausdrückt mit Koeffizienten, die absolute Invarianten unserer Gruppe $h$-ter Ordnung sind, und diese Behauptung läßt sich weiter auf jede höhere Potenz ausdehnen:

$$F^{h+\lambda} = I_1^{(\lambda)} F^{h-1} + I_2^{(\lambda)} F^{h-2} + \cdots + I_h^{(\lambda)}.$$

Jetzt wenden wir diese Betrachtung speziell auf die Variablen $x_1, x_2, \ldots, x_n$ selbst an. Aus (133) folgt dann:

$$(133\,\mathrm{a}) \qquad x_\nu^h = I_{\nu 1}\, x_\nu^{h-1} + I_{\nu 2}\, x_\nu^{h-2} + \cdots + I_{\nu h}, \qquad \nu = 1, 2, \ldots, n.$$

Hier ist $I_{\nu \mu}$ vom Grade $\mu$ $(\mu = 1, \ldots, h)$.

Die $n\,h$ Invarianten $I_{\nu \mu}$ lassen sich leicht wirklich aufstellen. Jede höhere Potenz irgendeiner der Variablen $x_\nu$ läßt sich dann durch $x_\nu^0, x_\nu^1, \ldots, x_\nu^{h-1}$ ausdrücken, wobei die Koeffizienten ganze rationale Funktionen von $I_{\nu 1}, I_{\nu 2}, \ldots, I_{\nu h}$ sind.

Betrachten wir nun ein beliebiges Potenzprodukt,

$$x_1^{\alpha_1} x_2^{\alpha_2} \cdots x_n^{\alpha_n}, \qquad \alpha_\nu \geqq 0,$$

so läßt sich jede Potenz, deren Exponent $\alpha_\nu \geqq h$ ist, vermöge des oben geschilderten Verfahrens reduzieren. Somit lassen sich sämtliche Potenzprodukte mittels der $N = h^n$ Potenzprodukte ausdrücken, bei denen sämtliche Exponenten kleiner als $h$ sind, wobei als Koeffizienten wieder absolute Invarianten auftreten, die ganze rationale Funktionen der $I_{\nu \mu}$ sind. Bezeichnet man jene $N$ speziellen Potenzprodukte mit $P_1, P_2, \ldots, P_N$, so gilt also:

$$(134) \qquad x_1^{\alpha_1} x_2^{\alpha_2} \cdots x_n^{\alpha_n} = I_1 P_1 + I_2 P_2 + \cdots + I_N P_N$$

mit

$$I_\varkappa = G_\varkappa(I_{\nu \mu}), \qquad \varkappa = 1, 2, \ldots, N = h^n;$$

$$\nu = 1, \ldots, n; \qquad \mu = 1, \ldots, h.$$

Ist nun ein beliebiger linearer Charakter $\gamma$ unserer Gruppe gegeben, und wenden wir auf beiden Seiten der letzten Gleichung $\mathscr{E}_\gamma$ an, so folgt, wenn wir (132b) beachten:

$$(134\,\mathrm{a}) \qquad \mathscr{E}_\gamma(x_1^{\alpha_1} x_2^{\alpha_2} \cdots x_n^{\alpha_n}) = I_1\, \mathscr{E}_\gamma(P_1) + \cdots + I_N\, \mathscr{E}_\gamma(P_N).$$

Die $\mathscr{E}_\gamma(P_\varkappa)$ sind Relativinvarianten zum linearen Charakter $\gamma$.

Ist ferner $J(x)$ eine beliebige Relativinvariante dieses Charakters $\gamma$, so läßt sie sich als Summe von Potenzprodukten schreiben:

$$J(x) = \sum c_{\alpha_1 \alpha_2 \ldots \alpha_n}\, x_1^{\alpha_1} x_2^{\alpha_2} \cdots x_n^{\alpha_n}.$$

Wendet man hierauf $\mathscr{E}_\gamma$ an, so folgt nach (132c), (132a) und (134a):

$$J(x) = I^{(1)}\, \mathscr{E}_\gamma(P_1) + I^{(2)}\, \mathscr{E}_\gamma(P_2) + \cdots + I^{(N)}\, \mathscr{E}_\gamma(P_N),$$

wobei die $I^{(1)}, \ldots, I^{(N)}$ ganze rationale Funktionen der speziellen absoluten Invarianten $I_{\nu \mu}$ sind. Damit ist gezeigt, daß sich alle Invarianten des linearen Charakters $\gamma$ durch die $N = h^n$ speziellen Relativinvarianten $\mathscr{E}_\gamma(P_\varkappa)$ und durch die absoluten Invarianten $I_{\nu \mu}$ ganz und rational ausdrücken lassen. Da sich auch die $\mathscr{E}_\gamma(P_\varkappa)$ explizit gewinnen lassen, so ist damit bewiesen:

**Satz 3.4.** *Für die absoluten und für die relativen Invarianten einer endlichen Substitutionsgruppe läßt sich je eine Integritätsbasis rechnerisch aufstellen.*

Allerdings steht nicht fest, ob sich eine auf dem gezeigten Wege gewonnene Basis nicht noch weiter reduzieren läßt. In der Tat ist das sicher möglich, wenn es sich um die Basis der absoluten Invarianten handelt. Aus Obigem bekommt man als solche die $I_{\nu\mu}$ zusammen mit den $\mathscr{E}_1(P_\varkappa)$ (wo der Index 1 den Charakter $\gamma$ mit $\gamma_s = 1$ für alle $s$ bezeichnet). Die $I_{\nu\mu}$ sind aber vom Grade $\mu \leq h$, lassen sich also — bis auf $n$ unter ihnen (nämlich die, bei denen $\mu = h$ ist) — durch die $P_\varkappa$ ausdrücken, und auch, wenn man auf beiden Seiten der sich so ergebenden Gleichung $\mathscr{E}_1$ anwendet und (132c) beachtet, durch die $\mathscr{E}_1(P_\varkappa)$. Somit bilden schon die $I_{\nu h}(\nu = 1, 2, \ldots, n)$ zusammen mit den $\mathscr{E}_1(P_\varkappa)$ $(\varkappa = 1, 2, \ldots, N)$ eine Basis des Systems der absoluten Invarianten.

## § 3. Die projektiven Invarianten einer binären Form

Es liege die Form vor:

$$f(a, x) = \sum_{\varkappa=0}^{k} \binom{k}{\varkappa} a_\varkappa x^{k-\varkappa} y^\varkappa.$$

Ihre Invarianten sind homogen und isobar. Wir wenden den Hilbertschen Formensatz an. Danach läßt sich jede Invariante von $f(a, x)$ darstellen durch:

$$(135) \qquad I(a) = A_1(a)\, I_1(a) + A_2(a)\, I_2(a) + \cdots + A_h(a)\, I_h(a),$$

wobei die $I_1(a), \ldots, I_h(a)$ gewisse spezielle Invarianten sind, während die $A_1, \ldots, A_h$ irgendwelche Formen in den $a$ sind. Wir können sogar von vornherein annehmen, daß die $A$ isobar sind, was sich genau ebenso rechtfertigt wie ihre Homogenität (vgl. S. 105). Seien $r, r_1, r_2, \ldots$ die Grade von $I, I_1, I_2, \ldots, s_1, s_2, \ldots$ die von $A_1, A_2, \ldots$ (soweit diese nicht identisch verschwinden). Dann ist:

$$r = r_1 + s_1 = r_2 + s_2 = \cdots.$$

Nach der Gewichtsregel sind die Gewichte von $I, I_1, I_2, \ldots$ bzw. $\dfrac{k\,r}{2}, \dfrac{k\,r_1}{2}, \dfrac{k\,r_2}{2}, \ldots$; $q_1, q_2, \ldots$ seien die von $A_1, A_2, \ldots$. Dann gilt:

$$\frac{k\,r}{2} = q_1 + \frac{k\,r_1}{2} = q_2 + \frac{k\,r_2}{2} = \cdots.$$

oder:

$$q_1 = \frac{k}{2}(r - r_1) = \frac{k\,s_1}{2}, \ \ldots,$$

d. h., die Gewichte der $A$ genügen der Gewichtsregel für Invarianten, ihr Index ist 0 (s. S. 66).

Können wir zeigen, daß sich die $A$ als Invarianten wählen lassen, so ist der Beweis erbracht, daß auch hier die Modulbasis eine Integritätsbasis des Invariantensystems ist. Es ist nur eine entsprechende Überlegung anzustellen wie S. 107.

Dort hatten wir aus irgendeiner Darstellung einer (absoluten) Invariante durch die Modulbasis eine Darstellung gewonnen, deren Koeffizienten wieder solche Invarianten waren, mit Hilfe eines Prozesses $\mathscr{E}$, den wir auf beide Seiten von (125) anwandten, und der folgende Eigenschaften besitzt (vgl. S. 106f.):

1) Auf eine beliebige Funktion $F$ angewandt, ergibt er eine Invariante, falls das Ergebnis nicht identisch verschwindet.

2) Er ist distributiv, d. h. es ist

$$\mathscr{E}(F + G) = \mathscr{E}(F) + \mathscr{E}(G).$$

3) Bezeichnet $I$ irgendeine Invariante, so gilt:

$$\mathscr{E}(I\,F) = I\,\mathscr{E}(F).$$

4) Für eine Invariante $I$ ist:

$$\mathscr{E}(I) = c\,I, \quad c \neq 0.$$

Hierbei ist unter „Invariante" gemäß der dortigen Problemstellung immer „absolute Invariante" zu verstehen. Wenn wir auch für den vorliegenden Fall einen Prozeß mit diesen Eigenschaften aufweisen können (wobei jetzt in 1), 3), 4) relative Invarianten gemeint sind), so läßt sich der Beweis ganz wie dort zu Ende führen; es genügt dabei, daß 1) bis 3) bestehen, wenn $F$ eine homogene isobare Funktion vom Index 0 ist.

$\mathscr{E}$ auf (135) angewandt, ergibt:

$$c\,I = \mathscr{E}(I) = \mathscr{E}(A_1 I_1) + \mathscr{E}(A_2 I_2) + \cdots + \mathscr{E}(A_h I_h)$$
$$= I_1 \mathscr{E}(A_1) + I_2 \mathscr{E}(A_2) + \cdots + I_h \mathscr{E}(A_h)$$
$$= J_1 I_1 + J_2 I_2 + \cdots + J_h I_h,$$

wobei die $J_1, J_2, \ldots,$ soweit nicht identisch 0, Invarianten bedeuten.

Einen Prozeß, wie wir ihn hier brauchen, haben wir in dem S. 69 geschilderten Hilbertschen Prozeß $[F]$, wenn wir ihn speziell auf Funktionen vom Index 0 anwenden. Dann lautet sein Ausdruck:

$$[F] = F - \frac{1}{2}\triangle\mathscr{D}F + \frac{1}{2!\,3!}\triangle^2\mathscr{D}^2F - \cdots + (-1)^q\frac{1}{q!\,(q+1)!}\triangle^q\mathscr{D}^qF.$$

Dieser Prozeß besitzt nämlich die geforderten vier Eigenschaften:

1) Er liefert nach dem dort Bewiesenen stets eine Semiinvariante, deren Index mit dem von $F$ übereinstimmt, also in unserem Fall eine Invariante (vgl. S. 59f.).

2) Die Eigenschaft der Distributivität kommt jedem Differentiationsprozeß beliebig hoher Ordnung zu; aus solchen baut sich aber $[F]$ auf.

3) Jeder lineare homogene Differentiationsprozeß 1. Ordnung $\mathscr{A}$ (vgl. S. 67) ergibt, auf ein Produkt angewandt:

$$\mathscr{A}\,(FG) = F\,\mathscr{A}\,G + G\,\mathscr{A}\,F.$$

Insbesondere sind aber $\mathscr{D}$ und $\triangle$ solche Differentiationsprozesse. Beachtet man noch, daß für Invarianten $I$ gilt: $\mathscr{D}I = 0$ und $\triangle I = 0$, so bestätigt man die Beziehung:

$$[I\,F] = I\,[F].$$

4) Wegen $\mathscr{D}I = 0$ ist:

$$[I] = I.$$

Damit ist bewiesen:

**Satz 3.5.** *Für die projektiven Invarianten jeder binären Form gibt es eine Integritätsbasis. Jede Modulbasis des Systems dieser Invarianten im Sinne von Satz 3.1. S. 102 ist eine solche Integritätsbasis.*

Die vorhergehende Betrachtung gilt nicht mehr für Kovarianten oder Semiinvarianten. Denn die Eigenschaft 3) ist nicht mehr erfüllt, wenn $I$ eine Semiinvariante bedeutet, da wir bei 3) von der Gleichung $\triangle F = 0$ Gebrauch gemacht haben.

Auch auf den Fall von mehr als zwei Veränderlichen läßt sich das Vorhergehende nicht ohne weiteres übertragen, da hier kein dem Prozeß $[F]$ analoger Prozeß existiert.

Im nächsten Paragraphen werden wir einen Prozeß kennenlernen, der uns gestatten wird, den Endlichkeitssatz für einen sehr allgemeinen Fall zu beweisen, der die obengenannten Fälle in sich begreift.

## § 4. Der Cayleysche $\Omega$-Prozeß

Es ist dies ein gewisser Differentiationsprozeß. Es liege irgendein Polynom in $n$ Veränderlichen $x_1, x_2, \ldots, x_n$ vor:

$$(136) \qquad f(x_1, x_2, \ldots, x_n) = \sum c_{\nu_1 \nu_2 \ldots \nu_n}\, x_1^{\nu_1} x_2^{\nu_2} \cdots x_n^{\nu_n}.$$

Man kann ihm eindeutig einen Differentiationsprozeß zuordnen:

$$(136\mathrm{a}) \qquad \mathscr{D}_f = \sum c_{\nu_1 \nu_2 \ldots \nu_n} \frac{\partial^{\nu_1 + \nu_2 + \cdots + \nu_n}}{\partial x_1^{\nu_1}\, \partial x_2^{\nu_2} \ldots \partial x_n^{\nu_n}}.$$

Das ist ein linearer Differentialausdruck. Er ist genau dann homogen, wenn $f$ homogen ist.

Angenommen, das sei der Fall. Wir wollen $\mathscr{D}_f$ auf $f$ selbst anwenden. Wendet man einen Summanden von $\mathscr{D}_f$ auf einen solchen von $f$ an, so erhält man 0, wenn es sich nicht gerade um einander zugeordnete Glieder handelt. Man findet somit:

$$(137) \qquad \mathscr{D}_f(f) = \sum c_{\nu_1 \nu_2 \ldots \nu_n}^2 \, \nu_1! \, \nu_2! \cdots \nu_n! \, .$$

Sind die $c$ reell, so ist dieser Ausdruck sicher von 0 verschieden.

Wir führen einige wichtige Beziehungen an:

$$
\begin{aligned}
&1) && \mathscr{D}_f(\varphi_1 + \varphi_2) = \mathscr{D}_f(\varphi_1) + \mathscr{D}_f(\varphi_2),\\
&2) && \mathscr{D}_{\gamma f}(\varphi) = \mathscr{D}_f(\gamma\,\varphi) = \gamma\,\mathscr{D}_f(\varphi) && (\gamma = \text{const.}),\\
(138)\quad &3) && \mathscr{D}_{f+g}(\varphi) = \mathscr{D}_f(\varphi) + \mathscr{D}_g(\varphi),\\
&4) && \mathscr{D}_{fg}(\varphi) = \mathscr{D}_f\,\mathscr{D}_g(\varphi),\\
&5) && \mathscr{D}_{f^p}(\varphi) = \mathscr{D}_f^{\,p}(\varphi).
\end{aligned}
$$

$(138)_{1)-3)}$ leuchten unmittelbar ein. $(138)_{4)}$ bestätigt man leicht, wenn $f$, $g$ und $\varphi$ Potenzprodukte sind; die allgemeine Formel folgt dann mittels $(138)_{1)-3)}$. $(138)_{5)}$ ergibt sich durch wiederholte Anwendungen von $(138)_{4)}$ mit $g = f$, $g = f^2$, $\ldots$ .

Nun wählen wir für $f$ eine spezielle Funktion, nämlich die Determinante in $k^2$ Veränderlichen:

$$(139) \qquad X = |x_{\iota\varkappa}|, \quad \iota, \varkappa = 1, \ldots, k.$$

Der zugehörige Differentiationsprozeß heißt der **Cayleysche $\Omega$-Prozeß**. Explizit wird er dargestellt durch:

$$(139\,\text{a}) \qquad \Omega(\varphi) = \sum_{(\lambda)}{}' [\lambda_1, \lambda_2, \ldots, \lambda_k] \; \frac{\partial^k \varphi}{\partial x_{1\lambda_1}\, \partial x_{2\lambda_2} \ldots \partial x_{k\lambda_k}},$$

wobei $\sum\limits_{(\lambda)}{}'$ Summation über alle Permutationen $(\lambda_1, \lambda_2, \ldots, \lambda_k)$ von $1, 2, \ldots, k$ bedeutet und $[\lambda_1, \lambda_2, \ldots, \lambda_k] = \pm 1$ ist, je nachdem die Permutation $(\lambda_1, \lambda_2, \ldots, \lambda_k)$ gerade oder ungerade ist.

Wir wollen zunächst die sog. erste Hauptregel für den $\Omega$-Prozeß aufstellen und beweisen. Es mögen zwei Matrizen in je $k^2$ unabhängigen Veränderlichen vorliegen:

$$s = (x_{\varkappa\lambda}), \quad t = (y_{\mu\nu}), \quad 1 \leq \varkappa, \lambda, \mu, \nu \leq k.$$

Beiden ist eine Determinante und somit ein $\Omega$-Prozeß zugeordnet. Durch die Multiplikation der Matrizen erhalten wir eine neue:

$$u = s\,t = (z_{\varkappa\lambda}), \quad z_{\varkappa\lambda} = \sum_{\iota=1}^{k} x_{\varkappa\iota}\, y_{\iota\lambda}.$$

Wir betrachten nun eine ganze rationale Funktion der $z_{\varkappa\lambda}$, oder anders ausgedrückt, eine Funktion der Matrix $u$: $\Phi(u)$. Wir können sie dem der Determinante $|u|$ zugeordneten $\Omega$-Prozeß unterwerfen, ebenso aber auch — als Funktion von $s$ oder von $t$ — den Prozessen $\Omega_s$ oder $\Omega_t$, die den Determinanten $|s|$ bzw. $|t|$ zugehören.

Die **1. Hauptregel** besagt nun:

$$(140) \qquad \Omega_t\,\Phi(s\,t) = |s|\,\Omega_{st}\,\Phi(s\,t), \qquad \Omega_s\,\Phi(s\,t) = |t|\,\Omega_{st}\,\Phi(s\,t).$$

Dabei bedeutet $\Omega_{st}\,\Phi(s\,t)$ den Ausdruck, den man aus $\Omega_u\,\Phi(u)$ durch Einsetzen von $u = s\,t$ erhält.

Wir beweisen die erste Gleichung, indem wir die linke Seite gemäß (139a) ausrechnen. Es ist:

$$\frac{\partial^k \Phi}{\partial y_{1\,\lambda_1}\,\partial y_{2\,\lambda_2} \cdots \partial y_{k\,\lambda_k}} = \sum_{\substack{\varkappa_1,\ldots,\varkappa_k \\ 1}}^{k} \frac{\partial^k \Phi}{\partial z_{\varkappa_1\,\lambda_1}\,\partial z_{\varkappa_2\,\lambda_2} \cdots \partial z_{\varkappa_k\,\lambda_k}}\,x_{\varkappa_1 1}\,x_{\varkappa_2 2} \cdots x_{\varkappa_k k}.$$

Man beachte, daß ein Indicessystem $\varkappa_1, \ldots, \varkappa_k$, das einen Summanden der rechten Seite bestimmt, nicht aus paarweise verschiedenen Indices zu bestehen braucht. Indem wir jeden solchen Ausdruck mit seinem Vorzeichen $[\lambda_1, \lambda_2, \ldots, \lambda_k]$ multiplizieren und dann über die Permutationen der $\lambda$ summieren, erhalten wir links $\Omega_t\,\Phi(s\,t)$. Rechts vertauschen wir die Reihenfolge der Summationen und summieren zuerst über die $\lambda$. Es ist aber:

$$(140a) \qquad \begin{aligned} \sum_{\lambda} [\lambda_1, \lambda_2, \ldots, \lambda_k]\,&\frac{\partial^k \Phi}{\partial z_{\varkappa_1\,\lambda_1}\,\partial z_{\varkappa_2\,\lambda_2} \cdots \partial z_{\varkappa_k\,\lambda_k}} \\ &= [\varkappa_1, \varkappa_2, \ldots, \varkappa_k]\,\Omega_{st}\,\Phi(s\,t), \end{aligned}$$

falls die $\varkappa_1, \varkappa_2, \ldots, \varkappa_k$ paarweise verschieden sind, dagegen $= 0$, falls unter diesen Indices gleiche auftreten. (Ist z. B. $\varkappa_1 = \varkappa_2$, so stimmen auf der linken Seite die beiden Ableitungen, die zu $\lambda_1, \lambda_2, \lambda_3, \ldots, \lambda_k$ und $\lambda_2, \lambda_1, \lambda_3, \ldots, \lambda_k$ gehören, überein, treten aber mit entgegengesetztem Zeichen auf; ähnlich schließt man bei anderen Fällen übereinstimmender $\varkappa$.) Indem man (140a) noch mit $x_{\varkappa_1 1}\,x_{\varkappa_2 2} \cdots x_{\varkappa_k k}$ multipliziert und dann über die Permutationen der $\varkappa$ summiert, erhält man für die rechte Seite $|s|\,\Omega_{st}\,\Phi(s\,t)$, womit $(140)_1$ bewiesen ist. Analog verläuft der Beweis von $(140)_2$.

Man kann die Formeln (140) verallgemeinern: Man wende bei der ersten links und rechts nochmals $\Omega_t$ an. Es folgt:

$$\Omega_t^2\,\Phi(s\,t) = |s|\,\Omega_t\,\Omega_{st}\,\Phi(s\,t) = |s|^2\,\Omega_{st}^2\,\Phi(s\,t).$$

Allgemein gilt also:

$$(141) \qquad \Omega_t^p\,\Phi(s\,t) = |s|^p\,\Omega_{st}^p\,\Phi(s\,t), \qquad \Omega_s^p\,\Phi(s\,t) = |t|^p\,\Omega_{st}^p\,\Phi(s\,t).$$

Das ist die **allgemeine 1. Hauptregel** für den $\Omega$-**Prozeß.**

Wir erwähnen beiläufig folgende interessante Beziehung. Wir wenden $\Omega_s$ speziell auf $|s|^p$ an; es ergibt sich:

$$(142) \qquad \Omega_s\,|s|^p = c\,|s|^{p-1}, \quad c \neq 0.$$

Zum *Beweise* wende man die 1. Hauptregel an auf $|s\,t|^p = |s|^p\,|t|^p$:

$$\Omega_t\,|s\,t|^p = |s|\,\Omega_{st}\,|s\,t|^p.$$

Andererseits ist

$$\Omega_t\,|s\,t|^p = \Omega_t(\,|s|^p\,|t|^p) = |s|^p\,\Omega_t\,|t|^p.$$

Vergleich der beiden letzten Gleichungen ergibt:

$$\Omega_{st}\,|s\,t|^p = |s|^{p-1}\,\Omega_t\,|t|^p.$$

Setzt man hier für $t$ die Einheitsmatrix, so erhält man (142), wobei sich für $c$ der Wert von $\Omega_t\,|t|^p$ ergibt, wenn man nachträglich $y_{\mu\nu} = \delta_{\mu\nu}$ setzt.

Daß $c \neq 0$, zeigen wir, indem wir auf (142) nochmals $\Omega_s$ anwenden. Bezeichnen wir $c$ in (142) vorübergehend mit $c_p$, so erhalten wir:

$$\Omega_s^2\,|s|^p = c_p\,c_{p-1}\,|s|^{p-2},$$

$$\cdots\cdots\cdots\cdots\cdots,$$

$$\Omega_s^p\,|s|^p = c_p\,c_{p-1}\cdots c_1.$$

$\Omega_s^p$ ist aber gemäß der letzten Formel (138) der der Funktion $|s|^p$ zugeordnete Differentiationsprozeß. Somit ist nach (137) die linke Seite der letzten Gleichung und damit auch $c_p$ von 0 verschieden.

## § 5. Die projektiven Invarianten und Kovarianten eines Formensystems in beliebig vielen Veränderlichen

Diese Invarianten und Kovarianten hatten wir in I, § 4 als Simultaninvarianten (im weiteren Sinn des Wortes, vgl. S. 14) der allgemeinen linearen Gruppe kennengelernt. Es handelt sich also um Funktionen in mehreren Veränderlichenreihen, von denen jede Substitutionen unterworfen wird, die nach dem Prinzip des Homomorphismus den Substitutionen der allgemeinen linearen Gruppe zugeordnet sind. Hinsichtlich solcher Substitutionen soll die Funktion also invariant bleiben. Man kann auch alle Veränderlichenreihen in eine zusammenfassen. Dann bilden die Substitutionen, denen diese eine Reihe unterworfen wird, wieder eine Gruppe, die ein homomorphes Bild der allgemeinen linearen Gruppe $\mathfrak{L}_n$ ist. Diese Auffassung wollen wir hier zugrunde legen.

Die zur Anwendung gelangenden Homomorphismen sind von besonderer Art. Solange man nämlich von den Kovarianten absieht, sind die Koeffizienten unserer Substitutionen ganze rationale Funktionen der Koeffizienten der Substitutionen der allgemeinen linearen Gruppe. Man spricht daher auch von einem ganzen rationalen Homomorphismus.

Im Falle der Kovarianten tritt zwar auch ein gebrochen rationaler Homomorphismus auf (da ja die Substitution der $x$ nach $x' = s^{\mathsf{T}^{-1}}(x)$ erfolgt, s. S. 20), doch ist dabei der Nenner stets die Determinante der ursprünglichen Substitution.

Wir wollen für das Folgende noch etwas allgemeiner annehmen, es handle sich um gebrochen rationale Homomorphismen, wobei jeder auftretende Nenner eine Potenz der Determinante $|s|$ sei; da es sich um endlich viele Koeffizienten handelt, die so als Funktionen der Koeffizienten von $s$ dargestellt sind, so kann durch passende Erweiterung der Brüche erreicht werden, daß diese Potenz immer dieselbe ist*.

Ist also $s = (\alpha_{\varkappa\lambda})$ eine beliebige Substitution aus $\mathfrak{L}_n$, und ist $H^s = (\varphi_{\mu\nu})$ die ihr durch den Homomorphismus zugeordnete Substitution, so ist

$$\varphi_{\mu\nu} = \frac{g_{\mu\nu}(\alpha_{\varkappa\lambda})}{|s|^h},$$

wobei $g(\alpha_{\varkappa\lambda})$ eine ganze rationale Funktion der $\alpha_{\varkappa\lambda}$ bedeutet und die nichtnegative ganze Zahl $h$ von $\mu, \nu$ unabhängig ist. Dann ist aber $|s|^h H^s = (g_{\mu\nu}) = H_1^s$ ein ganzer rationaler Homomorphismus. Eine homogene Invariante von $H^s$ ist auch eine solche von $H_1^s$ und umgekehrt.

Wir brauchen also nur ganze rationale Homomorphismen zu betrachten, wenn wir den in § 3 angekündigten Satz beweisen wollen, den wir so formulieren:

**Satz 3.6.** *Ist $H^s$ ein rationaler Homomorphismus der allgemeinen linearen Gruppe $\{s\}$, derart, daß die Nenner in den Koeffizienten von $H^s$ Potenzen der Determinante $|s|$ sind, so besitzt die Gesamtheit der Invarianten von $H^s$ eine endliche Integritätsbasis; jede Modulbasis des Systems der Invarianten ist Integritätsbasis. — Insbesondere besitzt die Gesamtheit der projektiven Kovarianten eines beliebigen Formensystems in beliebig vielen Veränderlichen eine solche Integritätsbasis.*

Der *Beweis* dieses Satzes gelingt mittels der sog. zweiten Hauptregel für den $\Omega$-Prozeß, die wir zunächst herleiten wollen: Wir gehen von einer beliebigen ganzen rationalen homogenen Funktion $F$ der Veränderlichen $a$ aus. Wir führen darin die Substitution

$$a^s = H^s(a)$$

aus, wo $H^s$ einen ganzen rationalen Homomorphismus von $s$ bedeutet. (Wir verwenden also hier das Zeichen $a^s$ in etwas allgemeinerer Bedeutung als bisher, vgl. S. 1, (1a, b).) Der Ausdruck

$$|s|^q F(a^s), \qquad q \geqq 0, \quad \text{ganz,}$$

_______________

* Man kann zeigen, daß jeder gebrochen rationale Homomorphismus der allgemeinen linearen Gruppe von dieser Art ist.

ist eine ganze rationale Funktion in den $a$ und den Elementen der Matrix $s$. Wir wenden auf sie beliebig oft den der Determinante $|s|$ zugeordneten $\Omega$-Prozeß an. Dann setzen wir die $\alpha_{\varkappa\lambda}$ sämtlich gleich 0. Das Resultat ist — so behauptet die 2. Hauptregel —, wenn nicht identisch 0, eine Invariante des Homomorphismus $H^s$.

Es gilt also:

**Satz 3.7. (2. Hauptregel für den $\Omega$-Prozeß).** *Ist $F(a)$ eine beliebige ganze rationale homogene Funktion der Veränderlichen $a$ und sind $q$ und $r$ beliebige nichtnegative ganze Zahlen, so ist mit $a^s = H^s(a)$*

$$(143) \qquad I(a) = \left[\Omega_s^r \left(|s|^q F(a^s)\right)\right]_{\alpha_{\varkappa\lambda}=0}$$

*entweder identisch 0 oder eine Invariante des ganz rationalen Homomorphismus $H^s$ zur allgemeinen linearen Gruppe $\{s\}$ mit $s = (\alpha_{\varkappa\lambda})$, $\varkappa, \lambda = 1, \ldots, n$.*

Der *Beweis* ergibt sich aus der 1. Hauptregel. Wir setzen:

$$|s|^q F(a^s) = |s|^q G(a, s) = K(a, s).$$

Wir ersetzen die $a$ durch die $a^t = H^t(a)$, wo $t$ irgendeine Substitution aus der allgemeinen linearen Gruppe bedeutet:

$$F\left((a^t)^s\right) = F(a^{st}) = G(a^t, s) = G(a, st).$$

Multiplikation mit $|st|^q$ ergibt:

$$|t|^q K(a^t, s) = K(a, st).$$

Auf beiden Seiten dieser Gleichung wenden wir $r$-mal $\Omega_s$ an und formen dann die rechte Seite nach der allgemeinen 1. Hauptregel (141) S. 117 um; wir erhalten:

$$|t|^q \Omega_s^r K(a^t, s) = |t|^r \Omega_{st}^r K(a, st).$$

Setzen wir jetzt die Koeffizienten von $s$ gleich 0, so steht rechts nichts anderes als (143) multipliziert mit $|t|^r$, links dagegen steht $|t|^q I(a^t)$. Damit ist die Behauptung bewiesen und zugleich gezeigt, daß das Gewicht der gewonnenen Invariante $p = r - q$ ist.

Der Fall, daß $I(a)$ identisch verschwindet, muß insbesondere dann eintreten, wenn $p < 0$, also wenn $r < q$ ist.

Nun sei

$$(144) \qquad I = A_1 I_1 + A_2 I_2 + \cdots + A_h I_h$$

eine beliebige ganze rationale, homogene, nichtkonstante Invariante des Homomorphismus $H^s$, dargestellt mittels einer Modulbasis $I_1, I_2, \ldots, I_h$ des Systems aller dieser Invarianten. Können wir die nichtverschwindenden $A$ als Invarianten wählen, so ist zum Abschluß des Beweises unseres Endlichkeitssatzes nur noch dieselbe Betrachtung wie S. 107 im Anschluß an (126) nötig.

Wir schreiben (144) in $a^s$ statt $a$. Sind $p$ bzw. $p_\nu$ die Gewichte von $I$ und $I_\nu$, so erhalten wir:

$$|s|^p\, I(a) = |s|^{p_1} A_1(a^s)\, I_1(a) + |s|^{p_2} A_2(a^s)\, I_2(a) + \cdots +$$
$$+\, |s|^{p_h} A_h(a^s)\, I_h(a).$$

Auf diese Gleichung wenden wir $p$-mal den Prozeß $\Omega_s$ an. Links erhalten wir $I(a)\, \Omega_s^p(|s|^p) = c\, I(a)$, wo $c$ eine von 0 verschiedene Konstante bedeutet (vgl. (137) S. 116); rechts ergibt z. B. das 1. Glied:

$$I_1(a)\, \Omega_s^p\big(|s|^{p_1} A_1(a^s)\big).$$

Wenn wir jetzt die Koeffizienten von $s$ gleich 0 setzen, so wird daraus nach der 2. Hauptregel (143) $J_1 I_1$, wo $J_1$ identisch 0 oder eine Invariante von $H^s$ ist; die linke Seite wird davon nicht mehr berührt, da sie nicht mehr von den $\alpha_{\varkappa\lambda}$ abhängt. Somit haben wir die gesuchte Darstellung gefunden, und der Beweis unseres Endlichkeitssatzes ist fertig.

Allerdings haben wir hiermit noch keine Methode, die Basis des Invariantensystems rechnerisch zu bestimmen. Ein solches Verfahren, das für den hier betrachteten allgemeinen Fall hinreichen würde, ist bis jetzt noch nicht bekannt. Für den Spezialfall der binären Formen ergibt sich eine Methode aus dem S. 102 erwähnten Gordanschen Beweis des Endlichkeitssatzes.

## § 6. Unitäre Substitutionen

Wir haben uns bisher beim Beweis der Endlichkeitssätze für die projektiven Invarianten gewisser Differentiationsprozesse bedient. Man kann jedoch auch die Integralrechnung heranziehen. Einen derartigen Beweis hat HURWITZ geführt. Man benötigt dabei den Begriff der unitären Substitutionen, den wir zunächst kennenlernen wollen.

**Definition:** *Eine lineare Substitution*

$$x_\varkappa = \sum_{\lambda=1}^{n} \alpha_{\varkappa\lambda}\xi_\lambda \qquad (\varkappa = 1, 2, \ldots, n)$$

*mit komplexen Koeffizienten heißt* **unitär**, *wenn sie die Summe der Quadrate der absoluten Beträge der (komplexen) Veränderlichen unverändert läßt, also wenn gilt:*

$$(145) \qquad |x_1|^2 + |x_2|^2 + \cdots + |x_n|^2 = |\xi_1|^2 + |\xi_2|^2 + \cdots + |\xi_n|^2.$$

Noch auf eine andere Weise läßt sich eine unitäre Substitution charakterisieren; um hierzu zu gelangen, schicken wir eine etwas allgemeinere Betrachtung voraus. Es liege eine Bilinearform in zwei

Veränderlichenreihen vor:

$$B(x, y) = \sum_{\varkappa, \lambda = 1}^{n} c_{\varkappa \lambda} x_\varkappa y_\lambda.$$

Wir unterwerfen beide — unabhängig voneinander — einer linearen Substitution:

$$(146) \qquad x_\varkappa = \sum_{\mu=1}^{n} \alpha_{\varkappa \mu} \xi_\mu, \qquad y_\lambda = \sum_{\nu=1}^{n} \beta_{\lambda \nu} \eta_\nu.$$

Dadurch geht $B(x, y)$ über in eine Bilinearform $B_1$ in den $\xi$ und $\eta$:

$$B_1(\xi, \eta) = \sum_{\mu, \nu = 1}^{n} c'_{\mu \nu} \xi_\mu \eta_\nu, \quad \text{wobei} \quad c'_{\mu \nu} = \sum_{\varkappa, \lambda = 1}^{n} \alpha_{\varkappa \mu} c_{\varkappa \lambda} \beta_{\lambda \nu}.$$

Sind

$$c = (c_{\varkappa \lambda}) \quad \text{und} \quad c_1 = (c'_{\mu \nu})$$

die Koeffizientenmatrizen der Formen $B$ bzw. $B_1$,

$$(146\,\text{a}) \qquad s = (\alpha_{\varkappa \mu}) \quad \text{und} \quad t = (\beta_{\lambda \nu})$$

die Matrizen der Substitutionen (146), so ist

$$c_1 = s^{\mathsf{T}} c \, t.$$

Setzt man für $c$ die Einheitsmatrix $e$, so wird

$$c_1 = s^{\mathsf{T}} t.$$

Verlangt man, daß die Substitutionen (146) die zur Einheitsmatrix gehörige Bilinearform

$$(147) \qquad B(x, y) = x_1 y_1 + x_2 y_2 + \cdots + x_n y_n$$

unverändert lassen, so muß $c_1 = e$ sein, also:

$$(148) \qquad s^{\mathsf{T}} t = e, \qquad s^{\mathsf{T}} = t^{-1}.$$

Die Form (145), die bei unitären Substitutionen unverändert bleiben soll, ist aber gerade die zur Einheitsmatrix gehörige Bilinearform (147), wenn in dieser die $y$ durch $\bar{x}$, die $\eta$ durch $\bar{\xi}$ ersetzt werden:

$$(145\,\text{a}) \quad x_1 \bar{x}_1 + x_2 \bar{x}_2 + \cdots + x_n \bar{x}_n = \xi_1 \bar{\xi}_1 + \xi_2 \bar{\xi}_2 + \cdots + \xi_n \bar{\xi}_n.$$

Sind dabei die $x$ mit den $\xi$ durch die Substitution $s = (\alpha_{\varkappa \mu})$ verbunden, so sind es die $\bar{x}$ mit den $\bar{\xi}$ durch die konjugiert komplexe Substitution $\bar{s} = (\bar{\alpha}_{\varkappa \mu})$. Diese tritt an Stelle von $t$ (s. (146a)), wenn wir (145a) als Spezialisierung von (147) ansehen. (148) besagt dann:

*Eine unitäre Substitution $s$ ist charakterisiert durch*

$$(149) \qquad s^{\mathsf{T}} \bar{s} = e.$$

Ausgerechnet ergibt das:

$$\sum_{\varkappa=1}^{n} \alpha_{\varkappa \mu} \bar{\alpha}_{\varkappa \nu} = \begin{cases} 1, & \text{wenn} \quad \mu = \nu, \\ 0, & \text{wenn} \quad \mu \neq \nu. \end{cases}$$

Zwei verschiedene Spalten der Matrix einer unitären Substitution sind also unitär orthogonal, d. h., das innere Produkt jeder Spalte mit einer konjugiert komplex genommenen anderen verschwindet; außerdem ist jede Spalte normiert, d. h., ihr inneres Produkt mit der zu ihr selbst konjugiert komplexen ergibt 1.

Aus $s^\mathsf{T}\,\bar{s} = e$ folgt $s^\mathsf{T} = \bar{s}^{-1}$, und daraus $\bar{s}\,s^\mathsf{T} = e$ oder:

$$s\,\bar{s}^\mathsf{T} = e.$$

Somit ist mit $s$ auch $s^\mathsf{T}$ unitär und die eben angegebenen Beziehungen gelten auch für die Zeilen von $s$.

Für die Determinante von $s$ folgt aus (149) wegen $|s^\mathsf{T}| = |s|$, $|\bar{s}| = \overline{|s|}$, daß sie den Betrag 1 haben muß: $|s| = \varepsilon = e^{i\,\varphi}$.

Ist $|s| = 1$, so heißt die Substitution **eigentlich unitär**.

Die unitären Substitutionen bilden eine Gruppe, ebenso die eigentlich unitären (vgl. S. 4, Beispiel 5)).

Multipliziert man eine unitäre Substitution mit einer (komplexen) Konstanten $\gamma$, so bleiben verschiedene Spalten und ebenso verschiedene Zeilen unitär orthogonal zueinander; dagegen wird das innere Produkt einer Spalte oder Zeile mit der zu ihr selbst konjugiert komplexen gleich $\gamma\,\bar{\gamma}$, d. h., die Spalten und Zeilen sind im allgemeinen nicht mehr unitär normiert. Eine solche Substitution nennt man **semiunitär**.

Die Funktion $\sum\limits_{\nu=1}^{n} x_\nu\,\bar{x}_\nu$ ist für diese Substitutionen eine Relativinvariante.

$\gamma\,s$ ($s$ unitär) ist genau dann wieder unitär, wenn $|\gamma| = 1$. Die Determinante von $\gamma\,s$ ist $\gamma^n\,\varepsilon$ mit $|\varepsilon| = 1$; eine semiunitäre Matrix ist genau dann eigentlich unitär, wenn ihre Determinante gleich 1 ist.

Auch die semiunitären Substitutionen bilden eine Gruppe (vgl. S. 5 Beispiel 7)).

Die unitären Substitutionen stehen in enger Beziehung zu den reellen orthogonalen Substitutionen (vgl. S. 4, Beispiel 6)). Eine reelle unitäre Substitution, angewandt auf reelle Variable, ist eine orthogonale Substitution. Umgekehrt ist eine reelle orthogonale Substitution, angewandt auf komplexe Variable, unitär; denn es ist $s^\mathsf{T}\,s = s^\mathsf{T}\,\bar{s} = e$.

Noch in anderer Weise lassen sich die unitären Substitutionen zu den reellen orthogonalen in Beziehung bringen. Wenn wir die Variablen und die Koeffizienten der Substitution je in Realteil und Imaginärteil zerlegen:

$$x_\varkappa = x'_\varkappa + i x''_\varkappa, \qquad \xi_\lambda = \xi'_\lambda + i \xi''_\lambda, \qquad \alpha_{\varkappa\lambda} = \alpha'_{\varkappa\lambda} + i \alpha''_{\varkappa\lambda},$$

so wird

$$x'_\varkappa = \sum_{\lambda=1}^{n} (\alpha'_{\varkappa\lambda}\,\xi'_\lambda - \alpha''_{\varkappa\lambda}\,\xi''_\lambda), \qquad x''_\varkappa = \sum_{\lambda=1}^{n} (\alpha'_{\varkappa\lambda}\,\xi''_\lambda + \alpha''_{\varkappa\lambda}\,\xi'_\lambda).$$

Das ist eine lineare Substitution in $2n$ Veränderlichen, und zwar eine reelle orthogonale, denn die Gleichung

$$\sum_{\varkappa=1}^{n} |x_{\varkappa}|^2 = \sum_{\lambda=1}^{n} |\xi_{\lambda}|^2$$

kann auch so geschrieben werden:

$$\sum_{\varkappa} (x_{\varkappa}'^{\,2} + x_{\varkappa}''^{\,2}) = \sum_{\lambda} (\xi_{\lambda}'^{\,2} + \xi_{\lambda}''^{\,2}).$$

Ist $s = (\alpha_{\varkappa\lambda})$ irgendeine Substitution, so setzen wir:

$$(150) \qquad\qquad \vartheta(s) = \sum_{\varkappa,\,\lambda} |\alpha_{\varkappa\lambda}|^2.$$

Man kann diese Größe auch noch anders charakterisieren: Es ist

$$s\,\bar{s}^{\mathsf{T}} = \left( \sum_{\lambda} \alpha_{\varkappa\lambda}\,\bar{\alpha}_{\nu\lambda} \right).$$

Setzen wir $\varkappa = \nu$, so erhalten wir die Elemente der Hauptdiagonale von $s\,\bar{s}^{\mathsf{T}}$. Ihre Summe ergibt (150). Die Summe der Elemente der Hauptdiagonale einer Matrix $t$ nennt man die **Spur** von $t$; wir bezeichnen sie mit $\chi(t)$. Es ist also für eine beliebige Matrix

$$(150\mathrm{a}) \qquad\qquad \vartheta(s) = \chi(s\,\bar{s}^{\mathsf{T}}).$$

Ist $u$ eine unitäre Matrix und setzen wir

$$(151) \qquad\qquad t = s\,u,$$

so ist:

$$t\,\bar{t}^{\mathsf{T}} = s\,u\,\bar{u}^{\mathsf{T}}\,\bar{s}^{\mathsf{T}} = s\,\bar{s}^{\mathsf{T}}$$

wegen $u\,\bar{u}^{\mathsf{T}} = e$. Somit ist:

$$(151\mathrm{a}) \qquad\qquad \vartheta(t) = \vartheta(s),$$

d. h., $\vartheta(s)$ bleibt unverändert, wenn man die Argumentmatrix von rechts mit einer unitären Matrix multipliziert.

Wir beweisen nun folgenden

**Hilfssatz.** *Ist $F(\sigma_{\varkappa\lambda})$ eine ganze rationale homogene Funktion der $n^2$ Elemente der Matrix $s = (\sigma_{\varkappa\lambda})$ $(1 \leq \varkappa, \lambda \leq n)$ und ist*

$$(152) \qquad\qquad F(\sigma_{\varkappa\lambda}) = 0$$

*für alle eigentlich unitären Matrizen, so verschwindet die Funktion identisch.*

*Beweis:* Nach Voraussetzung gilt (152) für alle eigentlich unitären Matrizen. Ist nun $v = (\beta_{\varkappa\lambda})$ eine semiunitäre Matrix, so ist $u = \left( \dfrac{\beta_{\varkappa\lambda}}{\sqrt[n]{|v|}} \right)$ eigentlich unitär, wo $\sqrt[n]{|v|}$ einen beliebigen, aber für alle $\varkappa, \lambda$ gleich zu wählenden Wurzelwert bedeutet. Wegen der Homogenität von $F$ gilt somit (152) auch für alle semiunitären Matrizen.

Nun fassen wir eine spezielle Klasse von semiunitären Matrizen ins Auge:

$$(153) \qquad U_{12}(\alpha, \beta) = \begin{pmatrix} \alpha & \beta & \\ -\bar\beta & \bar\alpha & O \\ O & & \pm \sqrt{|\alpha|^2 + |\beta|^2}\, e \end{pmatrix},$$

wo $\alpha$ und $\beta$ beliebige komplexe Zahlen sind und $e$ die Einheitsmatrix bedeutet. Analog wird $U_{\mu\nu}(\alpha, \beta)$ definiert, indem man an Stelle der 1. und 2. Zeile und Spalte die $\mu$-te und $\nu$-te bevorzugt.

Nach der Gruppeneigenschaft der semiunitären Matrizen ist auch das Produkt von beliebig vielen $U_{\mu\nu}$ semiunitär:

$$(153\,\mathrm{a}) \qquad U = U_{\mu\nu}(\alpha, \beta)\, U_{\mu'\nu'}(\alpha', \beta') \cdots ,$$

und $F$ verschwindet, wenn man für die $\sigma_{\varkappa\lambda}$ die Elemente von $U$ einsetzt. Wir zerlegen die $\alpha, \beta, \alpha', \beta', \ldots$ in Real- und Imaginärteil, z. B.

$$(153\,\mathrm{b}) \qquad \begin{aligned} \alpha &= a + i\,b, & \beta &= c + i\,d, \\ \bar\alpha &= a - i\,b, & \bar\beta &= c - i\,d. \end{aligned}$$

Ferner setzen wir

$$(153\,\mathrm{c}) \quad Q = \sqrt{|\alpha|^2 + |\beta|^2} = \sqrt{a^2 + b^2 + c^2 + d^2}, \quad Q' = \ldots, \quad \ldots$$

Dann erscheint $F$ als ganze rationale Funktion der $a, b, c, d, a', \ldots, Q,$ $Q', \ldots$, und $F = 0$ läßt sich in der Form schreiben:

$$(154) \quad F = R(a, b, c, d, a', \ldots) + \sum R_\lambda(a, b, c, d, a', \ldots)\, Q_\lambda = 0;$$

hier sind die $R$ ganze rationale Funktionen und jedes $Q_\lambda$ ist ein Produkt gewisser $Q, Q', \ldots$, das jede solche Wurzel höchstens einmal als Faktor enthält. Die Summe ist über alle solche Produkte zu erstrecken, wobei gewisse $R_\lambda = 0$ sein können. Wegen der freien Wahl der Vorzeichen in (153) bleibt (154) richtig, wenn in jedem Glied, das $Q$ enthält, das Vorzeichen geändert wird; durch Addition fallen alle Glieder, die dieses $Q$ enthalten, heraus. Dasselbe gilt für $Q', \ldots$ . Auf diese Weise kann man nacheinander sämtliche Wurzeln aus (154) entfernen und es bleibt übrig:

$$R(a, b, c, d, a', \ldots) = 0.$$

Indem man die verbleibende Gleichung mit $Q_\lambda$ multipliziert, schließt man analog weiter, daß die rationale Funktion $R_\lambda Q_\lambda^2$ verschwindet, also

$$R_\lambda(a, b, c, d, a', \ldots) = 0 \quad \text{für alle } \lambda.$$

Diese Gleichungen gelten zunächst für beliebige reelle Werte der $a, b, c, d, a', \ldots$, und daraus folgt (s. S. 7, Fußnote), daß die Koeffizienten der Polynome $R$ und $R_\lambda$ alle 0 sind, diese also auch für beliebige komplexe Werte $a, b, c, d, a', \ldots$ verschwinden. Werden die $a, b, c, d$ passend komplex gewählt, so stellt (153 b) vier beliebige Werte $p, q, -r, s$

dar, denn die Determinanten der beiden Gleichungssysteme

$$\begin{Bmatrix} p = a + i\,b \\ s = a - i\,b \end{Bmatrix}, \qquad \begin{Bmatrix} q = c + i\,d \\ -r = c - i\,d \end{Bmatrix}$$

sind von 0 verschieden. Dabei wird

$$p\,s - q\,r = a^2 + b^2 + c^2 + d^2.$$

Stellen wir an $p$, $q$, $r$, $s$ noch die Forderung: $p\,s - q\,r = 1$, so wird nach (153 c) $Q = 1$, und $U_{12}(\alpha, \beta)$ mit dem Zeichen $+$ vor der Wurzel (vgl. (153)) stellt dann eine beliebige unimodulare Substitution (vgl. S. 4, Beispiel 2)) des Typus

$$(155) \qquad U'_{12}(p, q, r, s) = \begin{pmatrix} p & q & 0 & \dots & 0 \\ r & s & 0 & \dots & 0 \\ 0 & 0 & 1 & \dots & 0 \\ \cdot & \cdot & \cdot & \cdot & \cdot \\ 0 & 0 & 0 & \dots & 1 \end{pmatrix}$$

dar. Entsprechendes gilt von allen $U_{\mu\nu}(\alpha, \beta)$.

Daß die $R$ und damit (154) für beliebige komplexe Werte der $a$, $b$, $c$, $d$, $a'$, $\dots$ verschwinden, hat also zur Folge, daß $F$ verschwindet, wenn man für die $\sigma_{\varkappa\lambda}$ die Elemente des Produktes $U'$ der unimodularen Matrizen $U'_{\mu\nu}(p, q, r, s)$, $U'_{\mu'\nu'}(p', q', r', s')$, $\dots$ einsetzt, die den in (153 a) auftretenden semiunitären Matrizen $U_{\mu\nu}(\alpha, \beta)$, $U_{\mu'\nu'}(\alpha', \beta')$, $\dots$ so entsprechen, wie die Matrix (155) der in (153). Da in $U$ alle Matrizen des Typus $U_{\mu\nu}(\alpha, \beta)$ als Faktoren zugelassen waren, so ist für $U'$ das Produkt eines beliebigen Systems von Matrizen $U'_{\mu\nu}(p, q, r, s)$ mit $p\,s - q\,r = 1$ zugelassen. Diese bilden aber, da sie insbesondere die Verschiebungen (vgl. S. 33) umfassen, ein System von Erzeugenden aller unimodularen Matrizen (S. 33, Satz 1.18.), und $F$ verschwindet also für alle diese.

Nimmt man noch die Multiplikationen hinzu, so erhält man ein System von Erzeugenden der allgemeinen linearen Gruppe (Satz 1.20, a), S. 35), d. h. $(\omega\,\vartheta_{\varkappa\lambda})$ durchläuft $\mathfrak{L}_n$, wenn $(\vartheta_{\varkappa\lambda})$ die unimodularen Matrizen und $\omega$ die komplexen Zahlen $\neq 0$ durchläuft. Aus der Homogenität von $F$ folgt nun, wenn $k$ sein Grad ist:

$$F(\omega\,\vartheta_{\varkappa\lambda}) = \omega^k F(\vartheta_{\varkappa\lambda}) = 0,$$

d. h., $F$ verschwindet für alle Matrizen $(\sigma_{\varkappa\lambda})$ mit nicht verschwindender Determinante und ist damit (s. S. 7 Fußnote) identisch 0, w. z. b. w.

Aus dem Bewiesenen folgt sofort ein weiterer

**Hilfssatz.** *Ist $F(\alpha_{\varkappa\lambda})$ eine ganze rationale Funktion der $n^2$ Elemente der Matrix $s = (\alpha_{\varkappa\lambda})$ und ist $F(\alpha_{\varkappa\lambda}) = 0$ für alle unitären Matrizen, so verschwindet $F(\alpha_{\varkappa\lambda})$ identisch.*

*Beweis:* Man denke sich $F$ nach homogenen Bestandteilen steigenden Grades geordnet:

$$(156) \qquad F = F_1 + F_2 + \cdots + F_r;$$

die Grade seien bzw.

$$m_1, m_2, \ldots, m_r.$$

Ist $(\beta_{\varkappa\lambda})$ eigentlich unitär, $\gamma$ eine komplexe Zahl mit $|\gamma| = 1$, so ist $(\alpha_{\varkappa\lambda}) = (\gamma \beta_{\varkappa\lambda})$ unitär, also nach Voraussetzung $F(\alpha_{\varkappa\lambda}) = 0$.

Andererseits ist nach (156):

$$F(\alpha_{\varkappa\lambda}) = \gamma^{m_1} F_1(\beta_{\varkappa\lambda}) + \gamma^{m_2} F_2(\beta_{\varkappa\lambda}) + \cdots + \gamma^{m_r} F_r(\beta_{\varkappa\lambda}) = 0.$$

Diese Gleichung soll für alle $\gamma$ vom Betrage 1 erfüllt sein, wenn die $\beta_{\varkappa\lambda}$ obige Bedeutung haben. Also hat $F(\alpha_{\varkappa\lambda})$ als Polynom in $\gamma$ unendlich viele Nullstellen. Somit gilt:

$$F_1(\beta_{\varkappa\lambda}) = 0, \ \ldots, \ F_r(\beta_{\varkappa\lambda}) = 0$$

für alle eigentlich unitären Matrizen. Der vorige Hilfssatz zeigt nun, daß die $F_1, \ldots, F_r$ identisch verschwinden.

## § 7. Beweis des Endlichkeitssatzes der Invariantentheorie mit Hilfe der Integralrechnung

Wir wollen den Beweis mit Hilfe der Integralrechnung* hier im selben Umfang führen wie in § 5, nämlich für einen beliebigen rationalen Homomorphismus der allgemeinen linearen Gruppe, in dem die Nenner Potenzen von $|s|$ sind, den wir also wie dort als ganz rational voraussetzen dürfen. Die Bezeichnungsweise sei dieselbe wie dort. Zunächst beweisen wir noch einen

**Hilfssatz.** *Ist $I(a)$ eine Invariante des ganzrationalen Homomorphismus $H^s$, wenn $s$ die Gruppe der unitären Substitutionen durchläuft, so ist sie es auch, wenn $s$ alle Substitutionen der allgemeinen linearen Gruppe durchläuft.*

*Beweis:* Nach Voraussetzung gilt (mit der Schreibweise von S. 119: $a^s = H^s(a)$):

$$I(a^s) = c_s I(a)$$

für unitäre $s$, wobei $c_s$ eine ganze rationale Funktion der Koeffizienten von $s$ ist. Rechnen wir die linke Seite als Summe von Potenzprodukten der $a$ aus, so gilt dasselbe von den hierbei auftretenden Koeffizienten. Ist $A$ der Koeffizient eines gewissen Potenzproduktes der $a$ in $I(a)$, $B(s)$ der des gleichen Potenzproduktes auf der linken Seite, so gilt $B(s) = A c_s$ für alle unitären $s$ und damit nach dem zweiten Hilfssatz des vorigen Paragraphen identisch, insbesondere für alle $s$ der linearen

---

* Siehe Literaturhinweis [6].

Gruppe. Das heißt aber: $I(a^s) = c_s\, I(a)$ gilt für alle $s$ dieser Gruppe, w. z. b. w.

Es sei wieder

$$s = (\alpha_{\varkappa\lambda}); \quad \alpha_{\varkappa\lambda} = \alpha'_{\varkappa\lambda} + i\,\alpha''_{\varkappa\lambda}, \quad \alpha'_{\varkappa\lambda} \text{ und } \alpha''_{\varkappa\lambda} \text{ reell.}$$

$\psi(s)$ bezeichne eine stetige, im allgemeinen komplexwertige Funktion der Matrix $s$, d. h. der $n^2$ komplexen Veränderlichen $\alpha_{\varkappa\lambda}$ oder also der $2n^2$ reellen Veränderlichen $\alpha'_{\varkappa\lambda}, \alpha''_{\varkappa\lambda}$. Ihr Integral über einen abgeschlossenen und beschränkten Teilbereich $\mathfrak{B}$ ihres Stetigkeitsgebietes bezeichnen wir mit

$$\int\limits_{\mathfrak{B}} \psi(s)\, ds = \int\limits_{\mathfrak{B}} \ldots \int \psi(\alpha'_{11}, \ldots, \alpha''_{nn})\, d\alpha'_{11} \ldots d\alpha''_{nn}.$$

Als Integrationsbereich kommt für uns die Einheitskugel des $2n^2$-dimensionalen Raumes

$$\sum_{\varkappa,\,\lambda} (\alpha'^{\,2}_{\varkappa\lambda} + \alpha''^{\,2}_{\varkappa\lambda}) \leqq 1$$

in Betracht, die wir nach (150) auch durch

$$\vartheta(s) \leqq 1$$

kennzeichnen können.

Nun gilt folgender

**Satz 3.8.** *Ist $F(a)$ eine beliebige ganze rationale, homogene Funktion der Veränderlichen $a$, und sind $g$ und $h$ zwei beliebige nicht negative, ganze Zahlen, so ist mit $a^s = H^s(a)$*

$$(157) \qquad\qquad I(a) = \int\limits_{\vartheta(s)\leqq 1} F(a^s)\,|s|^g\,|\bar{s}|^h\, ds,$$

*wenn dieser Ausdruck nicht identisch verschwindet, eine Invariante des ganzrationalen Homomorphismus $H^s$ zur allgemeinen linearen Gruppe $\{s\}$.*

*Beweis:* Nach dem vorhin bewiesenen Hilfssatz genügt es, die Invarianteneigenschaft von $I(a)$ für unitäre Substitutionen $u$ zu beweisen. Es ist:

$$I(a^u) = \int\limits_{\vartheta(s)\leqq 1} F(a^{su})\,|s|^g\,|\bar{s}|^h\, ds.$$

Wir führen nun die Koeffizienten von $t = s\,u$ als neue Integrationsveränderliche ein. Das bedeutet nach S. 123 f. eine reelle orthogonale Substitution der $2n^2$ reellen Veränderlichen $\alpha'_{\varkappa\lambda}, \alpha''_{\varkappa\lambda}$. Das Integrationsgebiet geht nach (151a) S. 124 dabei über in:

$$\vartheta(t) \leqq 1.$$

Bei einer solchen Substitution ist der Integrand mit der Funktionaldeterminante zu multiplizieren. Das ist hier die Determinante $\varepsilon(u)$

jener reellen orthogonalen Substitution, also $\pm 1$. Damit wird:

$$I(a^u) = \varepsilon(u) \int\limits_{\vartheta(t)\leq 1} F(a^t)\, |t\,u^{-1}|^g\, |\bar{t}\,\overline{u^{-1}}|^h\, dt, \qquad \varepsilon(u) = \pm 1.$$

Weiterhin erhält man:

$$I(a^u) = \varepsilon(u)\, |u^{-1}|^g\, |\bar{u}^{-1}|^h \int\limits_{\vartheta(t)\leq 1} F(a^t)\, |t|^g\, |\bar{t}|^h\, dt$$

oder:

$$I(a^u) = \varepsilon(u)\, |u^{-1}|^g\, |\bar{u}^{-1}|^h\, I(a).$$

Damit ist der Beweis fertig; der Faktor bei $I(a)$ hängt nur von $u$ ab; wie er sonst beschaffen ist, ist zunächst gleichgültig. Wir wissen jedoch von früher, daß er eine Potenz der Determinante von $u$ mit nichtnegativem Exponenten sein muß, wenn $I(a)$ nicht identisch verschwindet. Da bei einer unitären Substitution gilt: $|u| \cdot |\bar{u}| = 1$, so ist der Faktor:

$$\varepsilon(u)\, |u|^{h-g} = |u|^p.$$

Daraus folgt: $\varepsilon(u) = |u|^q$ mit ganzem, von $u$ unabhängigem $q$; das ist nur möglich bei $\varepsilon(u) = 1$. Wenn also $I(a)$ nicht identisch verschwindet und sonach eine Invariante ist, so ist deren Gewicht $h - g$. Daraus folgt insbesondere, daß $I(a) \equiv 0$, wenn $h < g$.

Das gilt speziell für den Fall, daß $F(a) \equiv 1$. Für alle Wertepaare $g, h$ ergibt dann (157) eine Konstante, die auch bei $h > g$ verschwindet, da sonst eine Invariante vom Gewicht $h - g > 0$ vorläge. Für $h = g$ ist die Konstante $\neq 0$, da dann der Integrand als Produkt zweier konjugiert komplexer Größen stets positiv ist. Somit ist:

$$(158) \qquad \int\limits_{\vartheta(s)\leq 1} |s|^g\, |\bar{s}|^h\, ds \begin{cases} = 0, & \text{wenn}\quad g \neq h, \\ \neq 0, & \text{wenn}\quad g = h. \end{cases}$$

Die Potenzen der Determinante $|s|$ bilden somit ein (nicht normiertes) Orthogonalsystem im Gebiet $\vartheta(s) \leq 1$.

Nun ist der Beweis des Endlichkeitssatzes sehr einfach: Es sei wieder

$$(159) \qquad I = A_1 I_1 + A_2 I_2 + \cdots + A_h I_h$$

eine Darstellung einer beliebigen ganzen rationalen, homogenen, nicht konstanten Invariante des Homomorphismus $H^s$ mittels einer Modulbasis des Systems dieser Invarianten. Zu zeigen ist, daß sich die nichtverschwindenden unter den Koeffizienten $A_\varkappa$ selbst als Invarianten wählen lassen. Dazu unterwerfen wir in (159) die $a$ der Substitution $H^s$ ($H^s(a) = a^s$):

$$I(a^s) = A_1(a^s)\, I_1(a^s) + \cdots + A_h(a^s)\, I_h(a^s).$$

Es seien $p, p_1, \ldots, p_h$ bzw. die Gewichte von $I, I_1, \ldots, I_h$. Dann geht die letzte Gleichung über in:

$$|s|^p\, I(a) = |s|^{p_1}\, A_1(a^s)\, I_1(a) + \cdots + |s|^{p_h}\, A_h(a^s)\, I_h(a).$$

Wir multiplizieren beiderseits mit $|s|^g\,|\bar{s}|^h$, wobei $g$ und $h$ beliebige nicht negative, ganze Zahlen seien. Dann integrieren wir über $\vartheta(s) \leqq 1$ und erhalten:

$$I(a) \int\limits_{\vartheta(s)\leqq 1} |s|^{p+g}|\bar{s}|^h\, ds = \sum_{\varkappa=1}^{h} I_\varkappa(a) \int\limits_{\vartheta(s)\leqq 1} |s|^{p_\varkappa+g}|\bar{s}|^h\, A_\varkappa(a^s)\, ds.$$

Wählen wir $h = p + g$, so verschwindet das Integral links nach (158) nicht. Nach Satz 3.8. sind die nicht verschwindenden Koeffizienten der $I_\varkappa$ auf der rechten Seite Invarianten, womit der Beweis fertig ist.

# Literaturhinweise

[1] Zum weiteren Studium der Invariantentheorie sei verwiesen auf
H. WEYL: The Classical Groups, Princeton, 2. Auflage, 1946,
G. B. GUREVICH: Foundations of the Theory of Algebraic Invariants, Groningen, 1964,
und die dort angegebene Literatur.

Weitere Ergebnisse und Literaturhinweise findet man in den Artikeln über Invariantentheorie in der
Encyklopädie der mathematischen Wissenschaften, Leipzig:
W. F. MEYER: Invariantentheorie, I. B. 2, 1899,
R. WEITZENBÖCK: Neuere Arbeiten der algebraischen Invariantentheorie. Differentialinvarianten, III. D. 10, 1921,
sowie in
J. NAAS, H. L. SCHMID: Mathematisches Wörterbuch, Berlin, Stuttgart, 3. Auflage, 1965.

Die Geschichte der Invariantentheorie ist dargestellt in
Ch. S. FISHER: The Death of a Mathematical Theory: a Study in the Sociology of Knowledge, Arch. History Exact Sci., *3*, 137—159 (1966).

Zu speziellen Methoden der Invariantentheorie vergleiche man auch die Artikel in den verschiedenen Auflagen von
E. PASCAL: Repertorium der höheren Mathematik, Leipzig/Berlin.

[2] Zur Theorie der Syzygien vergleiche man
O. ZARISKI, P. SAMUEL: Commutative Algebra II, Princeton, 1960,
Kapitel VII, § 13.
Eine Behandlung im Rahmen der homologischen Algebra findet man in
S. MAC LANE: Homology, Berlin/Göttingen/Heidelberg, 1963, Kapitel VII, § 6.

[3] Zur Darstellungstheorie von Gruppen (insbesondere auch unendlicher Gruppen) vergleiche man
H. WEYL: The Classical Groups (vgl. [1]),
vor allem die ausführlichen Literaturhinweise im dortigen Anhang, oder
Ch. W. CURTIS, I. REINER: Representation Theory of Finite Groups and Associative Algebras, New York/London, 1962.

[4] Zur Verallgemeinerung des Hilbertschen Formensatzes, meist Hilbertscher Basissatz genannt, vergleiche man die einschlägigen Lehrbücher der Algebra, z. B.: B. L. v. d. WAERDEN, Algebra II, Berlin/Heidelberg/New York, 5. Auflage, 1967, Kapitel XV, § 115, oder
O. ZARISKI, P. SAMUEL: Commutative Algebra I, Princeton, 1958,
Kapitel IV, § 1.

[5] Zur Theorie der Modulsysteme, jetzt homogene Ideale genannt, vergleiche man
O. ZARISKI, P. SAMUEL: Commutative Algebra II, (vgl. [2]), Kapitel VII, § 2.

[6] Zur Verallgemeinerung solcher Integrationsmethoden auf topologischen Gruppen (Theorie des Haarschen Maßes) vergleiche man
A. WEIL: L'Intégration dans les Groupes Topologiques et ses Applications, Paris, 1953,
und die neuere Literatur zur abstrakten harmonischen Analysis, z. B.
E. HEWITT, K. A. ROSS, Abstract Harmonic Analysis, Berlin/Göttingen/Heidelberg, 1963.

# Namen- und Sachverzeichnis

# Die Grundlehren der mathematischen Wissenschaften in Einzeldarstellungen

# mit besonderer Berücksichtigung der Anwendungsgebiete

64. Nevanlinna: Uniformisierung. DM 49,50; US $ 12.40
65. Tóth: Lagerungen in der Ebene, auf der Kugel und im Raum. DM 27,—; US $ 6.75
66. Bieberbach: Theorie der gewöhnlichen Differentialgleichungen. DM 58,50; US $ 14.60
68. Aumann: Reelle Funktionen. DM 59,60; US $ 14.90
69. Schmidt: Mathematische Gesetze der Logik I. DM 79,—; US $ 19.75
71. Meixner/Schäfke: Mathieusche Funktionen und Sphäroidfunktionen mit Anwendungen auf physikalische und technische Probleme. DM 52,60; US $ 13.15
73. Hermes: Einführung in die Verbandstheorie. Etwa DM 39,—; etwa US $ 9.75
75. Rado/Reichelderfer: Continuous Transformations in Analysis, with an Introduction to Algebraic Topology. DM 59,60; US $ 14.90
76. Tricomi: Vorlesungen über Orthogonalreihen. DM 37,60; US $ 9.40
77. Behnke/Sommer: Theorie der analytischen Funktionen einer komplexen Veränderlichen. DM 79,—; US $ 19.75
79. Saxer: Versicherungsmathematik. 1. Teil. DM 39,60; US $ 9.90
80. Pickert: Projektive Ebenen. DM 48,60; US $ 12.15
81. Schneider: Einführung in die transzendenten Zahlen. DM 24,80; US $ 6.20
82. Specht: Gruppentheorie. DM 69,60; US $ 17.40
83. Bieberbach: Einführung in die Theorie der Differentialgleichungen im reellen Gebiet. DM 32,80; US $ 8.20
84. Conforto: Abelsche Funktionen und algebraische Geometrie. DM 41,80; US $ 10.45
85. Siegel: Vorlesungen über Himmelsmechanik. DM 33,—; US $ 8.25
86. Richter: Wahrscheinlichkeitstheorie. DM 68,—; US $ 17.00
87. van der Waerden: Mathematische Statistik. DM 49,60; US $ 12.40
88. Müller: Grundprobleme der mathematischen Theorie elektromagnetischer Schwingungen. DM 52,80; US $ 13.20
89. Pfluger: Theorie der Riemannschen Flächen. DM 39,20; US $ 9,80
90. Oberhettinger: Tabellen zur Fourier Transformation. DM 39,50; US $ 9.90
91. Prachar: Primzahlverteilung. DM 58,—; US $ 14.50
92. Rehbock: Darstellende Geometrie. DM 29,—; US $ 7.25
93. Hadwiger: Vorlesungen über Inhalt, Oberfläche und Isoperimetrie. DM 49,80; US $ 12.45
94. Funk: Variationsrechnung und ihre Anwendung in Physik und Technik. DM 98,—; US $ 24.50
95. Maeda: Kontinuierliche Geometrien. DM 39,—; US $ 9.75
97. Greub: Linear Algebra. DM 39,20; US $ 9.80
98. Saxer: Versicherungsmathematik. 2. Teil. DM 48,60; US $ 12.15
99. Cassels: An Introduction to the Geometry of Numbers. DM 69,—; US $ 17.25
100. Koppenfels/Stallmann: Praxis der konformen Abbildung. DM 69,—; US $ 17.25
101. Rund: The Differential Geometry of Finsler Spaces. DM 59,60; US $ 14.90
103. Schütte: Beweistheorie. DM 48,—; US $ 12.00
104. Chung: Markov Chains with Stationary Transition Probabilities. DM 56,—; US $ 14.00
105. Rinow: Die innere Geometrie der metrischen Räume. DM 83,—; US $ 20.75
106. Scholz/Hasenjaeger: Grundzüge der mathematischen Logik. DM 98,—; US $ 24.50
107. Köthe: Topologische Lineare Räume I. DM 78,—; US $ 19.50
108. Dynkin: Die Grundlagen der Theorie der Markoffschen Prozesse. DM 33,80; US $ 8.45